髙良沙哉
Takara Sachika

沖縄 軍事性暴力を生み出すものは何か

基地の偏在を問う

影書房

まえがき

２０２４年６月25日、米軍人による16歳未満の少女に対する誘拐と不同意性交等事件が発生「していた」という報道で、沖縄県内外に衝撃が走った。この事件は、２０２３年12月に発生しており、裁判員裁判の日程記録が出されるまでの半年の間、沖縄県、沖縄県民には知らされていなかった。事件の被害にあった少女は、事件発生直後に保護者とともに、県警に申し出ていたにもかかわらず、本件は沖縄県にも県民にも隠されていた。

軍事性暴力被害が隠され、発覚するまでの間には、うるま市への陸上自衛隊訓練場建設計画が持ち上がり、地元を中心とする住民・県民一丸となった大きな抵抗の中で計画中止に追い込まれた。沖縄の抵抗と中止に追い込んだという高揚感の中で、上記、被害少女やその家族はどれほど孤独であっただろうかと、勝手に想像し、いたたまれなくなる。

この間も米軍は我が物顔で訓練を続け、与那国に米軍の高官らが視察に訪れていたり、岸田首相（当時）はおそらく事件を知りながら友好的な雰囲気で米国を訪問していた。また、沖縄県議会議員選挙、沖縄慰霊の日の総理大臣の沖縄訪問もあった。もし事件が公になっていれば、これらいずれに対しても、沖縄の人々の反基地・人権保障の声の高まりで支障が出ていたに違いない。対沖縄政治における波風を避けるため、事件は隠されたのであれば許されないことだ。国は、人間の尊厳を守るという根本的な義務を負っているにもかかわらず、軍事を優先にし、本来は擁護されるべき人権がないがしろにされたのである。

軍隊は住民を守らない。戦時にも平時にも。

軍隊の本質的な暴力性の表出としての軍事性暴力が、米軍のフェンスを突き破り平時の沖縄に流れ出てくる。沖縄において軍事基地は、人々の生活領域と区別されない。教育機関、住宅、商業施設、畑といった日常に、暴力性を帯びた軍事基地が併存している。

本書において、「日本軍『慰安婦』問題と沖縄基地問題の接点」の論文で取り上げている日本軍「慰安婦」問題は、現代も起こりつづける軍事性暴力と地続きの問題である。性暴力に対して厳しい目が向けられることが常識となりつつある現代の視点から見た時、日本軍による苛烈極まりない性暴力は、決して許されない人間の尊厳に対する侵害として、厳しい批判の対象となるのは当然である。「軍隊だから」「戦時中であったから」という言い訳は、具体的な被害者の痛みに目を向けるとき許されない。過去の軍事性暴力に目を背けず学び反省しつづけることは、現代に発生している軍事性暴力を、軍隊の本質を問うことにつながる。

本書では、戦時、平時における軍事性暴力から発し、米軍だけではなく、自衛隊の軍拡、軍拡の現場に生きる人々に目を向け、軍事という一見私たちの日常から遠い問題を、人権、生活の問題という視点で構成しているつもりである。日常に浸透する軍事化。また、沖縄の日本「復帰」50年という節目を通過してもなお続く、軍事基地固定化の理不尽さを明らかにしたつもりである。

日本の加速度的な軍拡は、沖縄から始まっている。しかし、日本の安全保障政策である以上、日米両軍事力のより緊密で深い同盟関係の中で、平時、そして戦時の危険性はこの本を手にする人々の身近に起こり得る問題となる。

この書籍に触れた人たちとともに、軍隊によって平和な日常が脅かされない社会を創る一歩一歩の歩みが生まれるよう願っている。一人ひとりの小さな絶え間のない努力が平和を創るのだ。

目次

沖縄　軍事性暴力を生み出すものは何か

——基地の偏在を問う

高良沙哉

米軍基地と性暴力
——国家・軍隊は加害の責任を負わなければならない

はじめに

軍人の性暴力は軍隊の構造的暴力であるといわれる。第二次世界大戦末期の1945年4月の米軍上陸以来、沖縄の女性・少女たちは、米軍人による性暴力の犠牲になってきた。しかし、軍人による性暴力の問題は、日本国憲法の下で、建前としては「軍隊」を持たない日本では、どこか遠いところで起きる出来事だと思われてはいないだろうか。

しかし、現在の日本の防衛方針からすれば、米軍人による性暴力は米軍基地の集中する沖縄だけの問題ではなくなってきた。日本は、米軍との軍事的な同盟、相互協力を強めるために、平素から基地の共同使用や合同演習を行う方針をとっているため（『防衛白書』

2015年、176―177頁)、日本中に広がる自衛隊基地の所在地域は、ときには米軍の受け入れ地域となる。もはや日本中のあらゆる地域は米軍人による性暴力の問題と無関係ではいられない。また、2014年の集団的自衛権行使を容認する閣議決定、それに続く2015年9月の安保法制の整備によって、自衛隊の軍事的な活動範囲は強化される方向にある。自衛隊の軍事的側面が強化されつづけ、戦争と密接になればなるほど、軍隊の構造的暴力といわれる性暴力は、自衛隊にも身近な暴力になってしまう。

本稿は特に、日本において米軍基地が集中する沖縄に焦点を当てるものである。本稿では、まず軍隊と性暴力との関係について述べたうえで、沖縄における米軍基地と性暴力について述べる。

軍隊の構造的暴力としての性暴力

(1) 軍隊と性暴力の関係

本稿のテーマは米軍基地と性暴力であるが、そもそも米軍だけが性暴力を犯してきたわけではない。日本軍は、第二次世界大戦下において、「慰安婦」とされた女性・少女たちを性奴隷化して性暴力をふるっていたし、また、戦場で攻撃の手段として敵側の女性・少女に対して性暴力をふるった。

イギリスはオーストラリアを植民地にする初期の段階において、入植者たちは他民族であるアボリジニの女性を頻繁に強姦したといわれている。１９３９年９月のナチス・ドイツ軍は、ポーランド侵攻の際にユダヤ人女性に対して大量に強姦や強姦殺人を行い、ロシア人女性に対する強姦や「慰安所」への強制連行もあった。ベルリン崩壊の際にソ連赤軍の将兵たちは、報復として大量のドイツ人女性たちを強姦し殺害した（田中、２００８年、１１０－１１１頁、１８９－１９３頁）。

また、第二次世界大戦当時のドイツにおいては、ドイツ兵によるユダヤ人女性に対する強姦が多数発生した。法律的には「ニュルンベルク人種法」（１９３５年９月発効）によって、ドイツ兵がユダヤ人を強姦するのは、「人種汚染」として違法であったにもかかわらずである（スーザン・ブラウンミラー、２０００年、55－59頁）。また、ドイツ軍が「慰安所」を設けていたことも明らかになっている（佐藤、１９９３年、25頁）。

米軍だけではなく、軍隊、戦争と性暴力には密接な関連がある。だからといって「戦争に強姦はつきものだからやむを得ない」と言いたいのではない。国家・軍隊は、加害の責任を負わなければならないと考えている。そして筆者は、性暴力と密接な軍隊や戦争を安全保障の手段として選択することは、結局のところ人間の安全を保障しないと考える。

(2) 軍隊の構造的暴力としての性暴力

軍人による戦時下および平時の性暴力は、軍隊の構造的暴力だといわれる。軍隊は、屈強な男性性・男らしさを特徴とする組織である。軍隊には男性性・男らしさの強調と(ジェンダー役割として受動的であることを求められた)女性に対する、能動的で攻撃的な性暴力を許容する構造がある。

男性性を誇示しようとするとき、男性は暴力的になる。とくに軍人は、死と隣り合わせの戦場で、男性性を誇示するために、過度に暴力的になることが求められる。その暴力性を維持しつづけるために、軍隊は常に男性性を誇示する場を必要とする。よって、軍隊の攻撃性や暴力性を高め、維持するために、男性性を誇示する暴力的な性行為――強姦や売買春による性行為――を軍隊は必要とするのである(大越、1998年、113-114、121頁)。

このことから、平時であろうと軍人たちの性暴力が発生するのは当然ともいえる。軍隊の特徴である男性性や、戦場における攻撃性・暴力性を培うための訓練が、性暴力の発動の要因となり、戦場で意図的に性暴力を選択し、末端の軍人たちが実行する。

性暴力をふるうことが、軍人の男性性、暴力性、攻撃性を維持し高めるものであるのだから、結局、戦時でも平時でも、軍隊は性暴力を許容する。

戦時および平時の軍人による性暴力は、軍隊の特徴を反映した構造的暴力である。

米軍基地と性暴力

(1) 沖縄の軍事化と性暴力

軍人による性暴力は、在沖米軍事基地から派生する問題の中心ともいえる重大な人権侵害である。

日米安保条約の下で米軍に提供される基地の大部分が沖縄に集中することによって、沖縄は、現在も軍事化されている。沖縄では、第二次大戦中の日本軍による軍事化の過程で、日本軍の「慰安所」が沖縄本島の南部から北部、離島まで、ほとんど全域に設置され、沖縄は軍事化されると同時にセックス化された（シンシア・エンロー、２００６年、66－67頁）。

この沖縄の軍事化は、第二次世界大戦中の日本軍から、大戦末期に沖縄に上陸した米軍に引き継がれた。沖縄の軍事化は、１９７２年までの27年間続く米軍統治と、１９７２年の沖縄の本土「復帰」に伴う施政権返還後も続く米軍駐留によって継続している。第二次世界大戦後、米軍は沖縄に駐留し、１９４７年3月に「占領軍への娼業禁止」に関する布告を出したが、売春そのものは見逃した。本格的に米軍基地を建設し始めると、１９４９年9月に沖縄には、米軍の指示で歓楽街がつくられた。歓楽街は、表向きは飲食街であったが、売春が黙認された売買春街であった。結局のところ、戦後の米軍駐留によって、沖縄の売買春は戦前よりも拡大した。米軍基地の存在によって、軍人による性暴力は発生しつづけることとなった（林、２００6年、４０3頁）。

沖縄において、米軍人による性暴力に抵抗する運動を長年にわたり続けている高里鈴代は、軍隊は侵略する際に、「当然の権利として、その軍隊が侵入していく地域の女性を強姦する。それは、自分たちの支配の表現でもあるし、最もきわだった略奪の方法であり、それが個々の兵士に報酬として許されている構造が軍隊の中にある」と述べる。そして、「支配被支配の関係の中におかれている兵士たち」の行う性暴力は、被支配者の「先端での行動として容認されてきた」（高里、２００3年、１１０頁）。

軍人たちの性暴力は、被侵略地域での支配、略奪、報酬という意味を持っている。軍隊内部は、上官の下士官に対する厳格な支配と命令の組織である。軍隊構造じたいが、軍隊内の被支配者でもある末端の軍人たちの自分たちより弱いものへの性暴力を容認する。沖縄戦下において、米軍人たちが沖縄の女性・少女（時には男性・少年も）にふるった性暴力は、まさに権利としての支配、略奪、報酬の表れであった。

平時において、沖縄の住民の「隣人」として駐留する軍人たちは、攻撃性を培う訓練や人を殺傷する訓練を、沖縄にある米軍基地でも受けている。軍人たちの攻撃性は、訓練が終わり軍服を脱いで公務を離れても続く。このことが、米軍基地周辺での性暴力の原因である。

また、在日米軍基地を含む、東アジアに駐留する米軍人は「分離トレーニング」を受けている。米軍は、駐留地域と軍隊との間をフェンスで分離することによって、軍人たちが「物理的に、職業上も、経済的にも、法的にも、そして文化的にも地元住民から分離されて」おり、軍人たちは、合衆国外に居住しながらも「アメリカの生活や文化の、無秩序に広がった、フェンスで囲まれた孤立領土に住」みながら任務にあたる。駐留地域からの軍人たちの分離は、戦争のための訓練の一部であり、他者との「感情的な分離を強める」ことによって、他者としての『敵』を擬物化し、非人間化できるように」なり、軍人たちをより攻撃的にする効果がある。軍事基地と地域の意図的な分離は、駐留受け入れ地域の住民と米軍人とを分離し、他者である地域住民を物質化し、攻撃の対象とみることを可能にしてしまう。そして、フェンスの中で培われた攻撃性が、駐留受け入れ地域で女性に対して性暴力をふるうことを容易にし、基地外における危険な運転や地域住民への暴行の要因にもなっていると指摘される（Gwyn Kirk and Carolyn Bowen Francis , 2000, pp 246-250）。

軍隊は、そもそも暴力性・攻撃性を育成する組織であり、軍隊と近接する住民、特に性暴力に関しては女性・少女を危険にさらす。沖縄の女性・少女たちは、構造的暴力のはけ口にされてきたのである。

（2）在沖米軍と性暴力

1955年のいわゆる「由美子ちゃん事件」と1995年に沖縄本島中部において発生した米軍人による集団強姦事件（現在の強制性交等事件）は、平時における軍人の性暴力の中でも、沖縄社会の記憶に強く残る事件である。

「由美子ちゃん」事件は、1955年9月3日、嘉手納村（当時）において、6歳の女の子が嘉手納高射砲隊所属の米軍人に拉致され、強姦されたうえ殺害され、遺棄された事件である。この事件は「まるで鋭利な刃物で下腹部から肛門にかけて切り裂いたようだった」と表現されるほどの残虐な事件であり（安里、2008年、34頁）、地元の新聞は本件を「少女は暴行を受けた形跡がありシミーズは左腕のところまで垂れ下がり、口をかみしめたまま死んでいた」と報じている（『沖縄タイムス』1955年9月4日）。まだ6歳だった女児は、どれほどの恐怖と不安と苦しみの中にあっただろうか。

1995年9月の少女暴行事件は、この「由美子ちゃん」事件を想起させた。沖縄における基地撤去運動が大きく広がるきっかけの一つになったのがこの事件であった。しかし、沖縄における米軍人による女性・少女に対する性暴力は、この2件だけではない。「由美子ちゃん」事件の1週間後にも、9歳の女児が就寝中のところを米軍人に拉致され、強姦されて重傷を負う事件が発生したし（基地・軍隊を許さない行動する女たちの会、2001年）、1995年の少女暴行事件のあとも、何件も米軍人よる強姦事件は発生している。記憶に新しいところでは、今年（2016年）3月13日に、泥酔して眠り込み抵抗できない観光客女性に対して性暴力をふるう準強姦事件が発生している（『沖縄タイムス』2016年3月15日、23日）。そして、2012年10月16日に、（駐留米軍人ではなく）アメリカ本国から寄港していた米海軍の軍人2名が、沖縄県中部地域で集団強姦を行った（『沖縄タイムス』2012年10月16日、『琉球新報』同日）。駐留していたわけでもない、単に沖縄に寄港した米軍艦船の乗組員が翌日に出港するまでの、ほんの数時間の滞在の間にも、女性に性暴力をふるったのである。

米軍は、軍隊と性暴力がいかに密接であるかを、長い米軍駐留の中で沖縄において示しつづけている。そのことは、性犯罪という被害者の尊厳を著しく傷つける犯罪を、日米両政府が放置しつづけているということである。

（ア）1995年少女暴行事件とは

1995年9月に3名の米軍人が引き起こした少女に対する性暴力事件は、第一審の那覇地方裁判所1996年3月7日判決（判例時報1570号、147頁）で、3名のうち少女を強姦した2名に懲役7年（うち1名は、強姦を提案し、リーダーとして中心になって犯行に及んだ）、少女を拉致し、監禁や押さえつけるための暴力をふるったものの、被害者が幼いことに気づいて強姦は行わなかった1名に懲役6年6カ月の実刑判決が下された。本件犯行のリーダーを除く2名は量刑が不当だという理由で控訴した。第二審の1996年9月12日判決も（判例タイムズ921号、293頁）、第一審判決を踏襲した判決であった。

この事件は、1995年9月4日午後8時ごろ、沖縄県中部において、アメリカ軍所属の軍人3名が、12歳の少女を強姦した事件である。米軍人らは、強姦の目的で女性・少女を探し、被害者少女に近づいて、一人が被害者の背後から腕を巻き付け、もう一人が被害者の顔面を殴って拉致し、用意していた自動車に監禁して、ダクトテープで目隠しや両手足首を縛ったうえで、さらに顔面や腹を殴って少女が抵抗できないようにして次々に強姦し、負傷させた後、現場に遺棄した。

この集団強姦事件は、綿密に計画されていた。当初、米軍人らは、4名で買春をしようと話していたが、犯行の提案をした米軍人が、お金がないから代わりに強姦をしようと持ちかけ、実行することとなった（4名うち1名は犯行前にグループを離れ犯行に加わらなかった）。

強姦をするにあたって、米軍嘉手納基地内の売店でダクトテープを購入し、証拠を残さないためにコンドームも購入している。「口にテープ」を貼る、「手足をテープで縛る」、「何かを頭からかぶせる」など犯行の際の役割分担を行い、計画どおり実行されたことが裁判の過程で明らかになっている（判例時報1570号、147頁）。

(イ) 1995年少女暴行事件の構造的暴力性

本件強姦を提案した米軍人が、そもそも強姦しようとした動機は、軍隊内でのストレスであった。ストレス解消の手段として、女性に対する性暴力を選択することは、米軍内の訓練の過程で女性を蔑視し、駐留地域（沖縄）の女性を物質化して攻撃の対象にするという思考が、軍人たちに根付いていることを示しているのではないか。

戦時性暴力によく見られる特徴であるが、軍人による性暴力は集団強姦であることが多い。これは、作戦を実行する際に必要な連帯感を集団強姦において培うことができ、また日ごろの訓練における連帯が犯行に役立つからである。本件の3名の軍人たちは、犯行にあたって、計画段階で犯行時の役割を綿密に分担し、拉致する際の役割分担、連行する際どのように抵抗を排除するかなど、それぞれの役割をこなしながら、互いに連帯して集団強姦を果たしている。本件では、作戦行動としての高度の連帯感の中で、一人の少女の人格の尊厳を暴力的に踏みにじったのである。

軍人たちが戦場において、より暴力的にふるまうことができるようにするために、軍隊は日々の訓練の中で、軍人の暴力的な男性性を増強させている。軍人たちは戦場において、他者を殺傷するため、他者を物質化するトレーニングを受ける。そして、実際の戦場では、敵を攻撃する手段として、性暴力も選択される。多くの戦場で性暴力は日常であり、攻撃の手段であるとともに、軍人たちに対する報酬でもある。具体的な戦場でより暴力的に戦い、敵を攻撃し破壊する優秀な軍人になるために、軍隊は平時における性暴力を許容する。軍隊は、支配と被支配、命令と服従、男性性を特徴とする組織であるため、軍人らの性暴力が、より力の弱い者、支配される側（だとされてきた者。ジェンダー役割では女性が支配される側に位置づけられてきた）、服従させられる側（だとされてきた者。支配される側と同様）に向けられるのは当然である。そして、特に、分離トレーニングの中では、他者・他民族である沖縄の女性・少女たちが危険にさらされる。

少女は、偶然に、ただその場所を歩いていただけで、軍事基地から流れ出た暴力性の被害者にされたのである。

裁判例の中で、この事件の審理には、軍人たちの上司も出廷し、第一審では、上司が部隊内で3名が平素から生活態度が良好であると証言し、第二審では、平素の勤務態度が良好であるということが認定された。しかし、軍隊組織の特徴に基づいて考えると、日ごろ部隊内で真面目に勤務し、熱心に訓練すればするほど、軍人たちは暴力的になるはずである。勤務態度が良好であることは、軍隊と性暴力との関係でみれば、更生の可能性を期待させるような事由にはなり得ない。

軍隊の構造的暴力としての性暴力は、訓練段階においても発揮され、基地の外に流出する。戦時だけではなく、平時においても軍隊の構造的暴力としての性暴力が発生する。軍事基地の存在は、性暴力の危険を「流出させる」ものであり、女性・少女の安全・尊厳を守るものとはいえない。

おわりに

1995年の少女暴行事件があったとき、まだ高校生だった筆者は、小学生であった被害者を突如として襲った恐怖や絶望と激しい痛みを思うと、心臓が震え頭が真っ白になるような怒りと、「次の被害者は自分かもしれない」という危機感を感じた。2016年現在、あれから約20年経ったが、沖縄はまだ軍隊と性暴力から解放されていない。

米軍基地から派生する問題は、性暴力だけではない。騒音も戦闘機の墜落の危険も、汚染物質の不法投棄や土壌汚染などの環境汚染、基地建設に伴う海洋の環境破壊も、地域の住民の平穏な生活を奪い、人権を無視する。そして、憲法が保障する根本的な人権である人間の尊厳を最も踏みにじるのが性暴力である。軍隊による安全保障は、人間の安全を保障するものといえるのだろうか。疑問を持たざるを得ない。

本稿で述べてきたように、軍人による性暴力は、凶暴性、男性性、男らしさを特徴とする軍隊の構造的暴力である。軍隊は、戦場において性暴力をふるう。軍隊にとっては売買春や性暴力が日常であり、それらは軍隊の男性性・男らしさの維持と強化に役立つゆえに、軍隊によって許容される。

軍人でない者も性暴力をふるうことがある。しかし、軍人による性暴力は、軍隊の構造的暴力なのであるから、国家が軍隊による安全保障を選択しないことによって被害を出さないこともできる。

軍人による性暴力は、戦時だけではなく平時においても発生する。軍隊、紛争と性暴力は、緊密な関係にある。軍人による性暴力によって、これまで傷つけられてきたこと、これからの危険性を考えるならば、女性・少女の尊厳と安全を保障するために、軍隊の存在自体、軍隊による安全保障そのものを問うべきである。

参考文献

安里英子（2008年）『凌辱されるいのち――沖縄・尊厳の回復へ』御茶の水書房。

大越愛子（１９９８年）「『国家』と性暴力」江原由美子編著『性・暴力・ネーション――フェミニズムの主張４』勁草書房。

基地・軍隊を許さない行動する女たちの会（２００１年）『沖縄・米兵による女性への性犯罪』第５版（２０２４年現在、２０２１年12月までの性犯罪をまとめた第13版が出ている）。

Gwyn Kirk and Carolyn Bowen Francis, *Redefining Security; Women Challenge U.S. Military Policy and Practice in East Asia*, The Berkeley Women's Law Journal Volume15, 2000.

佐藤健生（１９９３年）「ドイツの戦後補償に学ぶ〔過去の克服〕（８）日独の「慰安婦」問題をめぐって①ドイツの『強制売春』問題と日本の『従軍慰安婦』問題」『法学セミナー』第４６３号、日本評論社。

シンシア・エンロー、上野千鶴子 監訳、佐藤文香 訳（２００６年）『策略――女性を軍事化する国際政治』岩波書店。

スーザン・ブラウンミラー、 幾島幸子 訳（２０００年）『レイプ――踏みにじられた意思』勁草書房。

高里鈴代（２００３年）『沖縄の女たち――女性の人権と基地・軍隊』明石書店。

田中利幸（２００８年）「国家と戦時性暴力と男性性――慰安婦制度を手がかりに」宮地尚子 編著『性的支配と歴史――植民地主義から民族浄化まで』大月書店。

――――（１９９３年）『知られざる戦争犯罪――日本軍はオーストラリア人に何をしたか』大月書店。

『日本の防衛』（防衛白書）２０１５年。

林博史（２００６年）「基地論――日本本土・沖縄・韓国・フィリピン」倉沢愛子、杉原達、成田龍一、テッサ・モーリス-スズキ、油井大三郎、吉田裕 編『岩波講座アジア・太平洋戦争7　支配と暴力』岩波書店。

沖縄における長期駐留軍による平時の軍事性暴力
——個人化されない加害者と被害者

1　はじめに

沖縄において、軍事性暴力に対して活動する女性団体、基地・軍隊を許さない行動する女たちの会がつくりつづけている『沖縄・米兵による女性への性犯罪』によると、1945年の米軍の沖縄への上陸以降、米軍人・軍属によって軍事性暴力が継続して発生している。終戦後も、米軍占領下も、そして沖縄の日本「復帰」（1972年）以降も、平時における軍事性暴力が沖縄において発生している。軍事性暴力は、軍隊の構造的暴力である。

日本国憲法下では自国の軍隊は有していない建前だが（自衛隊を保有している）、日米安全保障条約に基づき米軍基地が存在する。在日米軍の約7割が集中し米軍と隣合わせで生活する沖縄の人々にとっては、軍事性暴力は身近で深刻な恐怖だ。しかし、米軍基地の偏在のためか、沖縄が日本本土から遠いためか、日本本土では沖縄における軍事性暴力やその他の基地被害についての認識に差があり、関心が高いとはいえない。

２０１５年9月の安保法制の整備によって、自衛隊の軍事的役割は拡大し、軍事力も増強される方向にある。自衛隊の軍事的側面が強化されつづけ、戦争と密接になればなるほど、軍隊の構造的暴力だといわれる性暴力は、日本全体にとっても身近な暴力になる危険性がある。日本軍「慰安婦」問題を清算できていない日本で、現在の軍事化と軍事性暴力は警戒すべき事柄である。

以下では、在日米軍基地の集中する沖縄の、特に軍事性暴力とその問題性について述べる。

2　沖縄と軍事性暴力

米軍基地の集中は、単なる敷地面積の問題ではない。軍機による日常的な騒音、土壌等の環境汚染、事件事故等の多様な基地被害を生む。その中でも軍事性暴力は、軍隊との共存が与える最も強い恐怖の一つである。1995年の3名の米兵による少女暴行事件が起こった際の県民大会において、大田昌秀沖縄県知事（当時）は、「幼い少女の人間としての尊厳を守れなかった」ことに対して、謝罪の言葉を述べた（大田、2000年、180頁）。この「人間としての尊厳」を脅かす性暴力は、軍事化と非常に密接である。

（1）武力紛争下の軍事性暴力

「武力紛争下の組織的性暴力の残虐性や規模の大きさが与える衝撃」と比較すると、「戦略であると認識された『武力紛争下の性暴力』と、『駐留軍隊による性暴力』とのつながりについての注目はまだ乏しい」と指摘される（秋林、2012年、108頁）。また、戦時性暴力に対して、平時の駐留軍隊による軍事性暴力は、軍人個人の犯罪として処理されるため、軍隊の構造的暴力としての性格がみえにくい。しかし一方で、日米地位協定によって、被疑者の身柄引き渡しや捜査権の制限の問題などが発生する点で、非軍事の性暴力と法的に異なる面がある。

戦時性暴力とは、「単に戦闘時に行使される性暴力を意味するのではな」く、「戦争行為主体である国家による制度的暴力であるという意味があり、責任の所在を個人のみならず構造のなかでとらえようとする意図がある」と説明される（柴田、2011年、163頁）。

戦時性暴力は「権力の誇示、勝利の表現、交換貨幣、戦利品という4つの意味を象徴」しており、政府が用いた戦略の一環、戦略の手段としての性暴力であるとして、1961年から36年間続いたグアテマラ内戦におけるジェノサイドの際に行われた強姦について、2010年に開廷した民衆法廷では、政府の責任が明らかにされた（柴田、2011年、163頁）。

戦時性暴力については、性暴力を実行した個人を超えた政府の責任が指摘されている。平時の駐留軍隊による性暴力についても、性暴力の軍隊の構造的暴力性に着目することによって、軍人個人を超えた国家・軍隊の責任を指摘できると考える。

（2）軍隊の構造的暴力としての性暴力

高里鈴代は、基地・軍隊は性差別主義、人種差別主義を内包する組織であり、「人間を物として、攻撃あるいは恐怖のはけ口として扱う」と述べる（高里、2003年、66頁）。シンシア・エンロー（Cynthia Enloe）は軍事化を「男らしさを特権化する」ものと位置付ける。軍隊システムは、「政治的なジェンダー化された」システムであり（エンロー、2006年、36–37頁）、軍隊内部の兵士の「男らしさ」は、自然な伝統的なものではなく、政治的操作によって構築されるものだと指摘する。そして、「戦争では、また軍事下の平和では、性関係が特別な意味を持」ち、男性兵士の「アイデンティティや兵士としての男らしさを維持」させるために性的快楽を必要とすると述べる（エンロー、1999年）。

エンローによれば、戦時性暴力は「男性兵士の優位意識によって、軍の指令系統の力によって、女性の人種と階級の違いによって行われる」レイプであり（エンロー、1999年、182頁）、「組織的なレイプとは、管理されたレイプ」である（エンロー、2006年、101頁）。

エンローは、軍事性暴力が発生する条件を三つ示す。第一に「男性兵士に『十分に利用可能な』軍事化された売買春が供給されないためにおこるといわれる『娯楽的レイプ』」、第二に「不安に陥った国家を景気づける道具としての『国家安全保障レイプ』」、そして、第三に「明白な戦争手段としての『組織的な大量レイプ』」である。「娯楽的レイプは」、軍事化された売買春が「十分に利用可能」なものとして男性兵士に用意されていないために娯楽を求めた男性兵士たちが引き起こすレイプである。「実際には、軍隊の政策決定の世界において、軍事当局者はレイプと売買春をまとめて考えている」とも指摘する（エンロー、2006年、65・66頁）。

田中利幸によれば、戦時性暴力と平時の軍事性暴力は、以下のようにつながっている（田中、2008年、98―109頁）。すなわち、戦時性暴力について、「身の危険が高まれば高まるほど、兵士の性的欲望は高まる」。戦闘で生き残るためには、敵に対して自分たちの攻撃力・防御力が勝っていなければならず、「死の恐怖からの逃避と自己生命の再確認のために性交渉を強く求める。兵士は女性を非人間化し暴力で犯してでもこうした欲望を満たそうとする」。したがって、「とりわけ敵国市民の女性を非人間化し強姦することは心理的にきわめて容易なことであり、戦場における性暴力は残虐な暴力性を伴いやすい」。

また、「女性を肉体的に暴力で支配する」性暴力が、「敵を支配し屈服させるという兵士の欲望を刺激し、同時に満足させる」。戦闘下で、敵によって「自分たちに属する女性」が強姦されることはもっとも屈辱的な行為であり、敵方の女性を強姦することは、「敵を自分たちに従属させることを確認させる強烈な行為」であり、特別な意味を持つ。また、性暴力が、軍隊内部の極度の緊張を発散し、解消するとも指摘する。

そして、平時に発生する兵士による性暴力は、軍組織が「力強い男」という観念を兵士たちに常に植えつけつづける必要性があり、「戦時と平時を問わずに見られる軍性暴力の根本原因は、国を問わず、どこの軍隊であろうと、『性的に屈強な男らしさ』を強調してやまないこうした軍事イデオロギーの性格そのもの」だ。

軍隊は兵士の士気や男らしさ、暴力性を維持し強化するために他者に対する暴力的な支配の表れである性暴力を必要とし、男性優位主義的な女性嫌悪が、国家・政府によって管理された軍用売買春や戦時性暴力、平時の軍事性暴力へとつながる。

軍事性暴力をふるうのは、軍人個人であるが、その背景には軍隊の構造的暴力という特性がある。軍事性暴力は、平時に発生したとしても、戦場で暴力的に戦うことを前提とした軍隊の構造的暴力であり、軍隊の性格に根差した暴力といえる。軍人個人を超えた、国家、軍事組織の責任を追及しなくては、根本的な解決は難しい。

（3）米軍の性暴力

1945年3月26日に米軍が沖縄の慶良間諸島に上陸して間もないころ、米軍人による沖縄女性に対する性暴力は始まった。[2] 高里は、軍隊は侵略の際の「当然の権利として、その軍隊が侵入していく地域の女性を強姦する。それは、自分たちの支配の表現でもあるし、最もきわだった略奪の方法であり、それが個々の兵士に報酬として許されている構造が軍隊の中にある」と主張する。そして、「支配被支配の関係の中におかれている兵士たちの行う性暴力は、被支配者の「先端での行動として容認されてきた」（高里、2003年）。

第二次世界大戦終結後も、米軍基地が残り、現在も米軍のアメリカ本国外にある軍事拠点の一つであり、米軍と日本の軍事同盟の先端にある沖縄は、「今日なお、地上でもっとも徹底的に軍事化された場所のひとつ」である（エンロー、2006年）。

在沖米軍人たちは、「攻撃的になること、そして殺すことを訓練され」、本質的に洗脳されているため、この本質的な洗脳が、軍服を脱ぎ公務を離れても続くことが、米軍基地周辺での性暴力の原因だと指摘される（Gwyn Kirk and Carolyn Bowen Francis, 2000）。[3]

また、在日米軍基地を含む、東アジアに駐留する合衆国軍隊の「分離トレーニング」が、女性に対する暴力の要因であると指摘する。合衆国軍隊では、駐留地域との間をフェンスで分離する方法で、「物理的に職業上も、経済的にも、法的にも、そして文化的にも地元住民から分離されて」いる。駐留地域からの「分離」は訓練の一部であり、他者との「感情的な分離を強め」、「『敵』を擬物化し、非人間化できるように」し、軍隊を攻撃的なものにする。分離トレーニングで得た攻撃性が、駐留「受け入れ地域において、不注意な運転、地域住民への暴行、そして女性に対する暴力を含む合衆国軍人の行動」の要因だと指摘される（Gwyn Kirk and Carolyn Bowen Francis, 2000)。

訓練の成果としての暴力性が平時の沖縄に流出する。沖縄では、平時にも軍事性暴力が起きつづけており、沖縄の人々は現在も戦時性暴力の延長線上に生きている。

（4）1995年少女暴行事件

平時の軍事性暴力は起こりつづけているが、沖縄において強く記憶されているものは多くはない。1995年の少女暴行事件は平時の軍事性暴力の中でも、沖縄社会の記憶に強く残る事件の一つである。

第一審判決によれば、本件は1995年9月4日午後8時ごろ、沖縄県中部において、アメリカ軍所属の軍人3名が、12歳の少女を強姦する目的で、一人が被害者の背後から腕を巻き付け、もう一人が被害者の顔面を殴って拉致し、用意していた自動車に監禁し、ダクトテープで目隠しや両手足首を縛ったうえで、さらに顔面や腹を殴って抵抗を防ぎ、集団強姦に及び、負傷させた後、現場の農道に遺棄した事件である（判例時報1570号、147頁以下）。

犯行に至るまでの流れは、控訴審の事実認定で詳細に示された。1995年9月4日に4名の米軍人は（計画が具体化する途中の段階で、4名中1名は計画から離脱している）、ドライブ中に犯行の中心となった軍人の提案で買春の代わりに強姦しようと話し合い、米軍嘉手納基地内売店でダクトテープとコンドームを購入した。軍人たちは、車内で犯行計画を立て、女性を物色し指にダクトテープを巻くなど犯行の準備を行った（判例タイムズ921号、293頁以下）。

第一審において、犯行の中心であった米軍人が強姦を提案し実行に移した動機が、部隊内での「ストレス」にあったことが明らかになった。この米兵は、「肥満が原因で本国への転属が延期」になったこと、「身に覚えのないセクシャルハラスメントで部隊内で批判されていた」ことが原因でストレスを感じており、その「はけ口」として買春をしようとしたが、お金がなかったため強姦を選んだことが明らかになっている。ストレス解消の手段として、基地の外の女性に対する性暴力をすぐさま想起する思考は、まさに沖縄の人々を「他者化」し女性蔑視の考えも根強いことをうかがわせる。

本件が問題になった際に、アメリカ太平洋軍司令官リチャード・マッキー海軍大将が、「レンタカーを借りる金で女が買えたのに」と述べ、かなりの非難を浴びたが（エンロー、2006年、75頁）、軍隊は、構成員である軍人の暴力性を増強し、維持するために性のはけ口となる女性を必要としてきた。エンローが指摘するように軍隊にとって、強姦と売買春の境界線はあいまいである。

本件における軍人たちの強姦は、売買春が簡単に利用できなかったことのために発生した、軍人による強姦であり、エンローの分類によれば「娯楽的レイプ」であった。また、犯行の凶暴性だけではなく、計画性や実行行為時における役割分担は、軍隊の性暴力が集団強姦になりやすい性質を表している。

2016年4月に沖縄本島中部で、20歳の女性に対する強姦致死・遺体遺棄事件が発生した。被告人は元海兵隊員であった。本件は、2017年12月1日に那覇地方裁判所で被告人に無期懲役判決が出ている（『沖縄タイムス』2017年12月2日）。被告人は一審判決を不服として福岡高等裁判所那覇支部に控訴し（『琉球新報』2017年12月13日）、同年10月無期懲役判決が確定した（『沖縄タイムス』2018年10月4日）。

新聞報道によれば、第一審において被告人は、強姦致死と遺体遺棄は認め、犯行時に殺意がなかったとして殺人罪については否認していたが、那覇地裁は殺意を認定し殺人罪が成立した。公判中、被告人は黙秘を貫いていたが、強姦目的で被害者を襲い、棒で後頭部を殴りつけ、ナイフで首の後ろを数回刺したことや、犯行は凶暴で、死体遺棄に用いたスーツケースやナイフを基地内に捨て、捜査が及びにくくするなど、計画的であったことが明らかにされた（『沖縄タイムス』２０１７年11月17日、11月18日）。軍隊と性暴力との関連性を思わせる事件である。

3　軍事性暴力の問題性

軍事性暴力には、次のような特徴が指摘される。①「軍事化された男性強姦者は、レイプする女性に対しても、性的凌辱行為に対しても、何らかの方法で『敵』、『兵士であること』、『勝利』、『敗北』についての自分の理解をおしつける」。②「社会的紛争のイメージおよび／または国家安全保障や国防組織のような公的制度や武装反乱軍の機能から、その理論的根拠の多くをひきだしている」ため、「軍事化されたレイプは、そうでないレイプよりも、個人化するのがいっそう難しい」。③「軍事化されたレイプを生き延びた女性は、……分、週、年といった単位で自分の対応を考えていかなければならない」。そして「集合的記憶との関係、国民の運命をめぐる集合的見解との関係、そして、組織化された暴力制度そのものとの関係も」深く考えなければならず（エンロー、2006年、65頁）、被害者もまた、個人化するのが難しい。

敵対する相手方の女性に対する性的凌辱が、敵の男性、領土、民族の種に対する凌辱を意味するため、女性の身体に対する凌辱は、女性の人権問題を離れて、女性の属する集団に対する凌辱の問題へと取って代えられてしまう。

平時の沖縄では、子どもや若い女性が被害者となるような象徴化される事件は、特に大きな基地反対運動の原動力となりやすい。沖縄という社会、集団への暴力、凌辱とみなされているからではないか。また、事件のたびに米軍高官は被害者やその遺族というより、沖縄の代表としての県知事に謝罪する。しかし一方で、具体的な事件処理は、個人対個人の刑事事件として処理されるため、軍隊の構造に着目した根本的解決には至らない。

軍事性暴力の場合には、事件が沖縄に対する暴力とみなされる一面を持つため、政治問題化する。また軍事性暴力は、軍隊の構造に根差した暴力であるために、その性質上くり返し発生してしまう。被害者は、類似の事件が発生するたびに、自分に起きた被害を思い出させられる。[4]

また、平時の軍事性暴力は注目されにくいことも指摘されている。「武力紛争下の組織的性暴力の残虐性や規模の大きさが与える衝撃と比べられると、駐留軍による長期に亘る性暴力は後回しにされがち」であり、「駐留外国軍というと在外米軍が大半なので、国連や国際機関でこの問題を取り上げようとすると米国政府の横槍がはいることもある」と要因が指摘される（秋林、2012年、108頁）。

4 おわりに

本稿では特に沖縄において発生する平時の軍事性暴力について述べてきた。人間の尊厳を脅かす性暴力が、米軍の長期駐留のために平時にもくり返し発生し、しかも十分に根本的な対策がなされない。軍事性暴力の構造的暴力性に着目すれば、くり返し発生する駐留軍人による性暴力の責任が加害者本人のみならず、その所属する軍隊、そして軍事的安全保障を選択し駐留を受け入れる日本政府にも及ぶことに気づく。

そのことは、いま日本が進めている軍事化の流れが、果たして正しいのかどうかを問い、軍隊による安全保障の人権侵害性に気づくことになると考える。日米同盟の強化、日本の軍事化の流れの中では、軍事性暴力を含めて基地被害は、「米軍基地」問題ではなく、「自衛隊問題」にもなり得ることも念頭に置きながら、日本の軍事化に向き合う必要がある。

註

1 娯楽的レイプの具体例として、エンローは、かつての大日本帝国政府のいわゆる「慰安婦」政策を挙げる。

2 1945年4月1日の米軍の沖縄本島上陸後、強姦が多発したため、各地域で住民による自警団が結成された。しかし、慶良間諸島に上陸して間もないころから、米軍人による沖縄女性に対する強姦が多発し、野戦病院や収容所内の女性も強姦被害にあった。基地・軍隊を許さない行動する女たちの会作成の『沖縄・米兵による女性への性犯罪　第7版』(2004年)には、現在まで続く多くの性暴力被害が、年表形式で記録されている。若干であるが男性が性暴力被害にあったケースも記録されている。

3 この主張は、沖縄を拠点として活動する軍事主義に抵抗する女性の市民団体「基地・軍隊を許さない行動する女たちの会」共同代表高里鈴代の主張に賛同し、踏襲したものである。

4 2005年に米軍人による強制わいせつ事件が発生した際に、知事へ公開書簡を送った被害者の一人は、2016年4月の事件に対する県民大会の際にも新聞のインタビューに答えている。『沖縄タイムス』2016年6月19日。

参考文献

秋林こずえ(2012年)「ジェンダーの視点から考える在沖縄米軍基地」、『国際女性』26号。

大田昌秀(2000年)『沖縄の決断』朝日新聞社。

基地・軍隊を許さない行動する女たちの会（２００４年）『沖縄・米兵による女性への性犯罪　第７版』。

Gwyn Kirk and Carolyn Bowen Francis, *Redefining Security: Women Challenge U.S. Military Policy and Practice in East Asia*, The Berkeley Women's Law Journal Volume 15, 2000.

柴田修子（２０１１年）「戦時性暴力とどう向き合うか——グアテマラ民衆法廷の取り組み」、日本比較政治学会編『日本比較政治学会年報第13号　ジェンダーと比較政治学』ミネルヴァ書房。

シンシア・エンロー（２００６年）『策略——女性を軍事化する国際政治』（上野千鶴子監訳、佐藤文香訳）岩波書店、Cynthia Enloe, *Maneuvers: The International Politics of Militarizing Women's Lives* (University of California Press, 2000)。

シンシア・エンロー（１９９９年）『戦争の翌朝——ポスト冷戦時代をジェンダーで読む』（池田悦子訳）緑風出版、Cynthia Enloe, *The Morning After: Sexual Politics at the End of the Cold War* (University of California Press, 1993)。

高里鈴代（２００３年）『沖縄の女たち——基地・軍隊と女性の人権』明石書店。

田中利幸（２００８年）「国家と戦時性暴力と男性性——『慰安婦制度』を手がかりに」、『性的支配と歴史——植民地主義から民族浄化まで』（宮地尚子編著）大月書店。

『沖縄タイムス』２０１６年６月19日付、２０１７年12月２日付、２０１７年11月17日付、２０１７年11月18日付。

『琉球新報』２０１７年12月13日付。

日本軍「慰安婦」問題と沖縄基地問題の接点

一　はじめに

２０１９年８月、国際芸術祭の企画展「あいちトリエンナーレ」に出展していた「表現の不自由展・その後」（津田大介芸術監督）が、苦情の殺到や脅迫、テロ予告のために中止に追い込まれた。この芸術祭は文化庁の助成事業であり、補助金交付前であったことから、菅義偉官房長官（当時）は、この企画展について、展示物を確認したうえで、補助金を交付するか否かを検討すると述べた。助成はすでに決定されていたが、「審査時点では具体的な展示内容の記載はなかった」と述べており（『朝日新聞』デジタル版、２０１９年８月２日、最終閲覧２０１９年８月20日）、表現内容によっては、助成しないという内容に中立的ではない立場を明確に示した。[1]

河村たかし名古屋市長（当時）は日本軍「慰安婦」問題を「事実でなかった可能性がある」と発言し、「国などの公的資金を使った場で展示すべきではない」と述べ、同芸術祭の実行委員長を務める大村秀章愛知県知事（当時）に展示中止を求めた（『沖縄タイムス』デジタル版、２０１９年８月２日、最終閲覧２０１９年８月20日）。これに対し、大村愛知県知事は、憲法21条表現の自由、検閲の禁止に違反する疑いがあると述べた（『沖縄タイムス』デジタル版、２０１９年８月５日、最終閲覧２０１９年８月20日）。

「表現の不自由展・その後」には、韓国の芸術家キム・ソギョン（金曙炅）、キム・ウンソン（金運成）の「平和の少女像」（いわゆる「慰安婦」像）や、元「慰安婦」の写真、昭和天皇をモチーフとした作品も展示されていた（「表現の不自由展・その後」実行委員会ホームページにて出展作家と作品について紹介されている）。[2]「表現の不自由展・その後」を脅迫やテロ予告、抗議電話で中止に追い込んだ匿名の市民たちによる暴力的な表現弾圧は、批判され、当該個々人の責任を明らかにする必要があるだろう。そして、本来であれば脅迫等を制止しなければならない立場の菅官房長官や河村名古屋市長のような政治家が、妨害者の側に立って芸術的表現の自由を擁護しなかったことについては、行政による表現への不当な圧力の違憲性の追及が求められる。気に入らない表現内容には助成をしないという圧力は、表現を委縮させ市民の自由闊達な表現活動を抑え込み、民主主義の衰退につながる。一連の騒動は「平和の少女像」に過敏に反応し、表現の自由を軽視するものであった。

そこから垣間見えるのは、日本における表現の自由保障の脆弱さだけではない。昭和天皇をモチーフとする芸術に対して不寛容で、天皇を神聖化し、相変わらず昭和天皇の戦争責任を追及することができないでいる状況と、「慰安婦」問題に対する明らかな無知と嫌悪である。

先の河村名古屋市長は、「平和の少女像」の展示を「日本国民の心を踏みにじる行為」と述べ、松井一郎大阪市長（当時）は、「公金を投入しながら、我々の先祖があまりにも人として失格者というか、けだもの的に取り扱われるような展示をすることは違うんじゃないか」（『朝日新聞』デジタル版、2019年8月17日、最終閲覧2019年8月20日）と述べるなど、「慰安婦」問題に対する反省どころか、日本軍「慰安婦」問題の被害者は誰なのかと思うほど、感傷的な批判を口にしている。

日本における公人の「慰安婦」問題嫌悪、反省のなさは、2015年12月の日韓合意以降、「最終的、不可逆的な解決」どころか悪化し、この問題の解決を遠ざけている。日韓の間で批判をしないという合意に「安心」して、タガが外れているのではないかと思うくらいである。

林博史は「日本軍『慰安婦』問題を人権侵害だということできちんと解決することに取り組むことと、性暴力をはじめ多くの人々が犠牲になることを前提とした安全保障とは一体何なのか、それでいいんだろうかと問い直すこととは、つながっていると思」う、と指摘する（林、2015年、320頁）。金学順《キムハクスン》が元「慰安婦」として名乗り出た1991年以降、多くの元「慰安婦」が日本を提訴してからも、2000年の女性国際戦犯法廷が開催された後も、日本政府は「慰安婦」問題にきちんと取り組んでこなかった。それにもかかわらず、2015年12月の日韓合意によって「慰安婦」問題から逃れようとしている。日本が旧日本軍による軍事性暴力を放置しつづけることは、例えば沖縄において起こりつづけている平時の軍事性暴力に向き合わずにいることとつながっている。

本稿では、「慰安婦」訴訟、2000年の女性国際戦犯法廷を踏まえて、旧日本軍による軍事性暴力問題を再考する。その際、軍事性暴力を過去から現在に続く問題として捉え、「慰安婦」問題に向き合ってこなかったために、現代の軍事性暴力に向き合いきれていないことの問題性を指摘する。日米安保条約に基づいて在日米軍基地の70・3％が集中する沖縄では、平時であっても軍事性暴力が発生しつづけている。本稿では、「慰安婦」問題と沖縄における基地問題との接点を探り、女性・少女の人権を犠牲にして成り立ってきた軍事力による安全保障の妥当性を考える契機としたい。

二　「慰安婦」問題に向き合う

1　「慰安婦」訴訟の意義

1991年以降、多くの「慰安婦」訴訟が日本の裁判所に提起されてきたが、裁判所の判決は、元「慰安婦」たちの求めた損害賠償請求や謝罪要求を否定しつづけた。

唯一、釜山従軍慰安婦・女子勤労挺身隊公式謝罪等請求事件（「関釜裁判」）において山口地方裁判所が、「慰安婦関係調査結果発表に関する河野内閣官房長官談話」（以下、「河野談話」）以降の早い段階で、「何らかの損害回復措置」を図るべき「作為義務は、慰安婦原告らの被った損害を回復するための特別の損害立法をなすべき日本国法上の義務に転化し、その旨明確に国会に対する立法課題を提起した」と述べた。そして、「河野談話」から遅くとも3年を経過した1996年8月末には、立法をなすべき「合理的期間を経過したといえるから、当該立法不作為が国家賠償法上も違法」となった。同裁判所は国会議員も、「河野談話」から「立法義務を立法課題として認識することは容易であったといえるから、当該立法をしなかったことにつき過失があることは明白」であると判示して、国会の立法不作為を認めた（山口地方裁判所下関支部判決、1998年4月27日、判例時報1642号、24頁）。

しかし、同判決の控訴審である広島高判2001年3月29日は、立法不作為の違法性を否定した。広島高裁は、元「慰安婦」たちに対する謝罪・補償に関する立法義務を定めた憲法の条項が存在しないことは明らかであり、「憲法の前文及び各条文のいずれを個別的にみても、また、それらを総合的に考慮しても、憲法の文言の解釈上、元従軍慰安婦……に対する謝罪と補償についての立法義務の存在が一義的に明白であるとはいえず、したがって、国会議員による右立法の不作為は、国家賠償法一条一項の規定の適用上、違法の評価を受けるものではない」として、立法不作為の違法を否定した（広島高等裁判所判決、2001年3月29日、判例時報1759号、42頁）。

しかし、「慰安婦」訴訟で裁判所は、国の法的賠償責任について退ける一方で、「慰安所」の存在や、運用についての日本軍の関与を争い得ない事実として認定している。例えば、上述の広島高判は、元「慰安婦」が仲介の朝鮮人男性に騙されて「慰安所」に連行されたことを事実認定し、「旧日本軍が慰安婦を特別に軍属に準じた扱い」にし、「旧日本軍が直接慰安所を経営していた事例」もあったとして日本軍の関与を確認している。また、旧日本軍の軍人らによって直接に連行された事例や（東京地方裁判所判決、2003年4月24日、判例時報1823号、61頁／東京高等裁判所判決、2004年12月15日、訴訟月報51巻11号、2813頁）、棒で殴るなどの暴力的強制的な連行についても事実認定する判決がある（例えば東京地方裁判所判決、2002年3月29日、判例時報1804号、50頁／東京地方裁判所判決、2003年4月24日、判例時報1823号、61頁等）。

ただし、訴訟における事実認定は、1993年8月4日のいわゆる「河野談話」を踏襲したにすぎない。「河野談話」は、「慰安所」は「軍当局の要請により設営されたもの」であり、「慰安所」の設置、管理、「慰安婦」の移送に、「旧日本軍が直接あるいは間接に」関与したことを認める。そして、「慰安婦」募集についても、「軍の要請を受けた業者が主としてこれに当たった」とし、「甘言、強圧による等、本人たちの意思に反して集められた事例が多く、「官憲等が直接これに加担したこともあった」とする。そして「お詫びと反省の気持ち」を述べて、どのようにその気持ちを表すかについては、「有識者のご意見なども徴しつつ、今後とも真剣に検討すべきもの」としている。上述の山口地裁判決は、このような「お詫びと反省の気持ち」を表す方策を考える出発点であったはずの「河野談話」を起算点として、立法不作為を違法とした。

また「河野談話」は、「歴史の真実を回避することなく、むしろこれを歴史の教訓として直視していきたい。われわれは、歴史研究、歴史教育を通じて、このような問題を永く記憶にとどめ、同じ過ちを決して繰り返さないという固い決意を改めて表明する」と述べている。

しかし、その後の状況は、「慰安婦」に関する記述を歴史教科書から削除し、「慰安婦」に対する加害を消し去ろうとする現在の状況に至っており、「河野談話」は実現には程遠く、むしろ後退している。

安倍晋三首相（当時）は、2006年10月6日の衆議院予算委員会において、「慰安婦」徴集について、強制を「狭義の強制性」と「広義の強制性」に分け、「家に乗り込んでいって強引に連れて行った」ものを「狭義の強制性」、「自分としては行きたくないけれどもそういう環境の中にあった、結果としてそういうことになった」ような緩やかな強制を「広義の強制性」と位置づけて、2007年3月1日には、狭義の強制性について「その証拠はなかったのは事実ではないか」として否定した（第一次安倍内閣）。2013年2月7日の衆議院予算委員会でも「狭義の強制性」を否定しており、第二次安倍内閣以降も第一次安倍内閣の歴史認識を継承している。

このような状況を背景に第二次安倍内閣以降は、「河野談話」の検証や「慰安婦」問題に関する記事を書いた元朝日新聞記者に対するバッシングなど、日本における「慰安婦」問題に関するバックラッシュは激しい。

しかし、「慰安婦」訴訟を経た現在においては、裁判所が被害者やその遺族によって語られた被害事実をいわゆる「狭義の強制」連行も含めて認定しており、「慰安所」設置・運営についての国の関与、軍の関与を認めていることを再度確認し強調しておく必要がある。司法による判断を政治部門は尊重し、司法判断がその後の政治に活かされ、人権侵害が救済されなければならないが、現状はそうなってはいない。特に、「慰安婦」問題において、日本の裁判所は、民法724条の除斥期間の定めや、明治憲法下の国家無答責の法理、対日講和条約における請求権放棄条項等を理由に法的な解決の限界を超えることができず、だからこそ、例えば、東京地判2003年4月24日では、「立法的・行政的な措置を講ずることは十分に可能」であり、「司法的な解決とは別に、被害者らに何らかの慰謝をもたらす方向で解決されることが望まれる」と付言している（判例時報1823号、61頁）。そして、その際にやはり重要なことは、事実に真摯に向き合い「慰安婦」当事者の求めに耳を傾けることであろう。

しかしいくつもの「慰安婦」訴訟を経てもなお、「慰安婦」問題が女性に対する人権侵害として語られず、「狭義の強制連行」があったか否か、「慰安所」は売買春であったのか否かに焦点が当てられつづけている。「狭義の強制連行」があったことは、裁判所においてすでに示されており、「慰安所」が売買春の形式を装いつつも、そこでは売買春とは到底いえない暴力的な軍事性暴力が行われていたことが明らかになっている。

「慰安婦」訴訟を経た今日では、上述の安倍首相の認識のような議論の蒸し返しは不要であり、判決を読み返せば足りる。

2　2000年女性国際戦犯法廷の意義

日本軍「慰安婦」制度を裁いたのは、日本の裁判所だけではない。2000年に東京で開催された女性国際戦犯法廷の審理、事実認定、判決がある。以下にその意義を確認する。

2000年の女性国際戦犯法廷は、民衆法廷であり、同年12月8日から10日の3日間で冒頭陳述、起訴状の発表、被害者の証言、証拠の提示、専門家提言、判事からの質問を終え、12月20日に認定の概要が判事によって示されて東京での審理日程を終了し、翌2001年12月4日にオランダのハーグで判決が下された（VAWW-NET Japan、2002年a、34-35頁）。本法廷は東京裁判において「慰安婦」に対する性暴力について裁かれていないことから、時効の壁を乗り越えた点で画期的であった。韓国、北朝鮮、中国、フィリピン、台湾、オランダ、インドネシア、東ティモールの被害者本人たちによる実名を明らかにした証言に加え、加害者証言や公的な資料等に基づく事実認定と、それに基づく判決は「慰安婦」問題を考えるうえで重要である（VAWW-NET Japan、2002年a、16頁）。

日本の裁判所における判決との大きな違いは、昭和天皇を含む当時の軍事高官個人の責任を追及し、有罪判決を下していること、日本の国家としての法的責任を明らかにしたことである。

また民衆法廷の判決には法的拘束力はないものの、同法廷は被害者たちを救済するための措置を、日本政府に勧告した。日本の裁判所にも立法府や行政府が、何らかの対応策を講ずるべきであると求めた判決はあったが、同法廷における救済措置の勧告はより踏み込んだ内容であった。

まず、①「『慰安婦制度』の設立に責任と義務」があり、この制度が国際法違反であったことを日本政府が全面的に認め、「完全で誠実な謝罪」を行うこと。日本政府が、この問題に対する「法的責任をとり」、再発防止を保障すること。②日本が政府として、被害者個人に対して、被害の救済に適切な金額の損害賠償を行うこと。③日本政府が有する「慰安所」関係の文書・資料等の情報を公開すること。また、軍性奴隷制に関する調査機関を設立して徹底的に調査し、資料を公開し、歴史に残すこと。④被害を記憶にとどめ、再発を防ぐために、「記念館、博物館、図書館を設立」し、犠牲者と生存する被害者を認知し、その尊厳を回復すること。⑤教科書の記述や研究助成など、「公式、非公式の教育施策を行い、将来の世代に教育し、再発を防ぐこと。⑥性の平等の尊重を確立すること。⑦帰国を望む者を出身地へ帰すこと。そして、⑧「慰安所」の設置、「慰安婦」の徴集に関与した主要な実行行為者をつきとめ、処罰すること等、あらゆる方法での救済措置と再発防止策が、日本政府に対して勧告された（判決文1086、VAWW-NET Japan、2002年b、437－438頁）。

女性国際戦犯法廷の最終日には、「認定の概要」が判事団によって読み上げられ、天皇裕仁の有罪と日本の国家賠償責任が読み上げられたとき、「会場は拍手と歓声に包まれ」、「年老いた被害女性たちが喜びの涙をぬぐいながら、舞台にのぼって判事たちに感謝の気持ちを表した」。被害者にとっても国際社会にとっても、まさに「歴史的瞬間」だった（松井やより、2001年、6頁）。天皇の有罪と日本の国家賠償責任の認定は、軍事性暴力被害による苦痛に耐え、東京裁判で天皇の責任が問われなかったことに苦しみ、その後の日本政府の責任の無自覚のために継続的な苦悩を強いられてきた被害者たちに大きな喜びとなった。被害者は、「遅くなったとはいえ天皇をはじめとする戦犯者たちを裁くことができたことは、本当に嬉しい」と述べた。また、他の被害者は、「法廷で日本政府に対して有罪が宣告されたとき、私たちは勝った、私たちを恥辱に陥れた犯罪者はとうとう裁かれたという思いで涙が自然とこみあげてきました。それは50年余りの間、心の中に積もりに積もっていた涙でした」と述べた。法廷で実現したことは、日本政府が長い間放置してきた「被害者の尊厳の回復」であった（西野、2001年、36頁・52－53頁）。

女性国際戦犯法廷は、被害者たちの証言を丁寧に聞き、それを裏付ける加害者（旧日本軍人）証言や文書資料によって補強し、日本軍、日本国、当時の軍事高官個人の責任を明確にした。誠実に謝罪し賠償することが、戦後の日本に本来求められていることであり、日本軍「慰安婦」制度によって傷つけられた、女性たちの尊厳を回復する方策の一つであることを示した。

しかし日本政府や日本社会は、この問題に向き合うことができなかった。この女性国際戦犯法廷の判決の最も重要な部分の一つである「天皇裕仁の有罪」という歴史的な判決を、外国の新聞が見出しとして取り上げることが多かったのに対して、日本の新聞ではそれがほとんどできなかった。また、NHKがETV2001で取り上げようとした際には、「放送中止を求める右翼の執拗な攻撃などによる混乱のなかで」、番組改編に追い込まれた（高橋、2001年、284頁）。海外メディアと日本国内メディアとの、女性国際戦犯法廷に対する報道の差は大きく、日本のメディアは、「天皇裕仁の有罪」という戦争責任の追及を報道することが困難であった。

女性国際戦犯法廷が日本政府に突きつけた勧告を、日本政府は無視しつづけ（同法廷の開催も知りながら無視していた）[3]、被害者の尊厳の回復に努めようとせず、傷つけつづけている。

しかし、同法廷は、被害者の証言から、日本国や日本軍の行った性暴力を浮き彫りにし、昭和天皇裕仁、軍事高官個人の責任を追及して、過去の加害の事実に誠実に向き合うことが、被害者の尊厳の回復や正義の実現につながることを示した。同法廷の判決に法的拘束力はないが、日本の裁判所が超えられなかった法的救済の限界を超え、東京裁判において、「慰安婦」問題についての証拠があったにもかかわらず、連合国が「慰安婦」制度について裁かなかった問題を指摘して、審理を行っている。同法廷の判決は、日本が加害国としてなすべき道筋を示している。

「慰安婦」訴訟は、日本軍「慰安婦」制度の実態と被害事実を浮き彫りにし、裁判所が事実認定した。かつて日本が犯した軍事性暴力の歴史を記憶にとどめ、後世に教育し、再発を防ぐうえで、裁判所の行った事実認定は意義がある。一方で、国の法的責任を認めなかった点で問題があるが、政治部門による解決の可能性を示唆した判決があったことが、再度確認された。そして、女性国際戦犯法廷は、被害者証言と文書資料、加害者証言から詳細な事実認定を行い、「慰安婦」制度の実態を明らかにするとともに、天皇裕仁や当時の軍事高官個人の刑事責任とともに、日本の国家としての法的責任を追及し、被害者救済措置を日本に催告した、「慰安婦」問題解決に向けて取り組もうとするとき参照すべきものであった。

しかし、日本政府は、上記どちらの判決にも十分に向きあいきれず、法的な責任をあいまいにしたままで、1995年に設立された「女性のためのアジア平和国民基金」（以下、アジア女性基金）に続き、2015年にも法的責任をあいまいにした金銭で、この問題を抑え込もうとしている。

3 日韓合意

元「慰安婦」による1991年の最初の提訴から30年近くの月日が流れ、女性国際戦犯法廷から被害者救済策を放置したまま20年近くの時間が過ぎたが、法的責任をとろうとしない一方で、総理大臣自身が「慰安婦」の強制連行の事実を疑うような、被害者を傷つける歴史認識、発言を行っている。冒頭に挙げた「表現の不自由展・その後」に対する河村名古屋市長や松井大阪市長もそうであるが、旧日本軍の軍事性暴力という歴史的な事実を歪曲したり、なかったことにしようとする発言を政治家が繰り返している。具体的な暴力の「被害者」が存在しているにもかかわらず、旧日本軍による軍事性暴力をなかったことにしようとするのは、「被害者がいなかったことにすることであり」、被害者たちの「記憶を騙し取る」ことだと指摘される（田中、2016年、48頁）。

2015年12月の日韓合意も旧日本軍の軍事性暴力をなかったことにしようとする動きの一環ではないかと疑わしい。

日韓合意とは、「日本政府は責任を痛感」し、安倍首相は「心からおわびと反省の気持ちを表明」するとして、「日本政府の予算」で、「韓国政府が、元慰安婦の方々の支援を目的とした財団を設立し、これに日本政府の予算で資金を一括で拠出」する。そして、この事業を着実に実施する前提で、「この問題が最終的かつ不可逆的に解決されることを確認」し、日韓両政府は「今後、国連等国際社会において、本問題について互いに非難・批判することは控える」という内容である（「日韓両外相共同記者発表」2015年12月28日）。[4]一括で大金（10億円）を支払うことと引き換えに、「慰安婦」問題に対する追及を封じるという、加害者にあるまじき合意内容である。政府間の交渉による手打ちで、地元韓国の被害者の頭越しに、さらにいえば、各国にいる元「慰安婦」の存在など気にも留めず、日韓だけで解決できると考えていること自体、日本政府がいかにこの問題について、深刻に受け止めてもいなければ、反省もしてこなかったかということを表している。ここに読み取れるのは、「慰安婦」問題を早く忘れ去りたい、「被害者がいなかったことにすること」であり、「自分の責任をうやむやにしてしま」いたい日本の思惑である（田中、2016年、46・48頁）。

日韓合意に対する被害者の反応は、例えば次のようなものであったという。「政府が私たちを売り飛ばしたようなものだ」（李玉善《イオクソン》ハルモニ）、「この世を去った被害者全員への公式謝罪と賠償を受け取らなければ、あの世で顔向けできない」（李容洙《イヨンス》ハルモニ）といった批判的なものであった（梁、2016年、6－7頁）。

即座に被害者らからの批判を受けた日韓合意は、当然のことながら、その後「最終的かつ不可逆的解決」を生んではいない。そして日韓合意は、日本社会における謝罪意識を明らかに低減させてしまっている点も問題だと考えられる。

日韓合意の締結に対する日本側の反応は、韓国の被害者たちの反応とは対照的に、好意的なものが多かった（西野、２０１６年、13・15頁）。戦後、旧日本軍による軍事性暴力という負の歴史に向き合ってこなかった日本社会にとって、日韓合意は、戦後70年を迎えた２０１５年の終戦記念日に際して発せられた安倍首相談話の「あの戦争には何ら関わりのない、私たちの子や孫、そしてその先の世代の子どもたちに、謝罪を続ける宿命を背負わせてはなりません」（「内閣総理大臣談話」２０１５年8月14日）[5]という言葉どおり、過去の過ちから安倍首相を含む戦後世代を解放してしまったのではないかと思われてならない。

しかし、２０１５年の日韓合意は、そもそも「両国の外交優先の思惑と強固な日米韓安全保障のため」のものであり、アメリカから求められた「和解」であったことが指摘されている（西野、２０１６年、17－18頁）。帝国日本の軍事主義のために犠牲になった元「慰安婦」たちに対して、日米韓の軍事主義的な都合によって行われた勝手な「和解」を押しつけることは、被害者の人権をあまりにもないがしろにしている。２０１５年の日韓合意が被害者に受け入れられないのは当然であるし、仮にもし、韓国の被害者が受け入れたとしても、他国の、また日本国内にいる被害者からの反省を求める視線にさらされつづけていることを思い出さねばならない。

日韓合意は、被害者を「交渉と協議の主体と見なさず、せいぜい賠償の客体程度に位置付けて」おり、1995年の「アジア女性基金」で示された「お詫びと反省」から「一歩も前進していない」。単なる「道義的責任」にとどまっている。「事実認定に基づいて国家責任を認め公式謝罪をしたうえでの国庫支出ではな」く、賠償とはいえない。「真相究明、記憶の継承と歴史教育、追悼事業、歴史わい曲発言への反駁など、日本がとるべき後続措置について何らの言及もない」。日本は10億円を拠出しただけで、「最終的不可逆的解決」「国連等での非難・批判の自制」「少女像の適切な解決」といった大きな約束を得ているといった批判が提示されている（梁、2016年、8－9頁）。本来、被害者のためになされるべき合意が、日米韓の軍事的な関係の餌食にされてしまった。

このような合意が被害者と被害者を支える社会から反発を受けるのは当然であるにもかかわらず、加害の歴史について十分に理解せず、「最終的かつ不可逆的解決」のあてが外れた日本側の韓国に対する反発は、韓国が合意の「約束」としての「平和の少女像」に対応しないことへの不満を露骨に噴出させ、「平和の少女像」への過敏な反応を生み、日韓関係の改善にもつながってはいない。

冒頭の「表現の不自由展・その後」に対する暴力的な脅迫や、政治家たちの態度は、「慰安婦」問題を象徴する「平和の少女像」や、「慰安婦」問題に対する嫌悪や苛立ちであると考えられるが、そもそも加害者としての日本側が、日本軍「慰安婦」制度下における加害の歴史に対して、法的責任に基づく賠償を行ってこなかったことがこの問題の解決を妨げているのである。日本軍「慰安婦」制度は、民間業者が介在した事例が多いとしても、「慰安婦」徴集、「慰安所」の設置、運営、利用に至るまで、「軍の関与」は明白であるから、「慰安婦」制度の主体は日本軍である（前田、２０１６年、40－41頁）。

日韓合意において、日本は「日韓請求権・経済協定で最終的かつ完全に解決済みとの我が国の立場に変わりはない」と前置きしており（「日韓首脳電話会談」２０１５年12月28日）[6]、法的責任を否定し、道義的責任として資金提供するという立場を明確にしていた。

しかし、そもそも日本は、「慰安婦」訴訟が提起された時点では、日韓請求権協定は個人の請求権までも消滅させたものではないという立場であり、国家間の請求権のみならず個人の請求権までも消滅するという立場に転じたのは、２００１年３月22日の外務省条約局長の国会答弁以降であると指摘されている（小畑、２００６年、３６１－３７８頁）。

第二次世界大戦当時、大規模に展開された「慰安所」で、女性・少女たちが一定期間拘束状態に置かれ、その間ほとんど休みなく連日のように、異常なほど多い人数の日本軍人の性行為の相手を強制され、同様の形態の「慰安所」が広範囲に設置され、同様の運営がなされていたことは、訴訟や女性国際戦犯法廷でも明らかになっており、「慰安婦」制度は、旧日本軍のための性奴隷制度であったと言える。「慰安所」は、旧日本軍による強姦を防ぐという名目でつくられたものであったが、「慰安所」内での性暴力だけではなく、「慰安所」外での大量の軍事性暴力が発生したことが訴訟等で明らかになっている。旧日本軍による「慰安婦」制度と「慰安所」外での大量強姦は、組織的で大規模な戦時性暴力であったと考えられる。

「慰安婦」制度は、性奴隷制であり、重大な人権侵害の事例群である。過去の軍事性暴力を人権問題として本当に「おわびと反省」の気持ちを表明するのであれば、日本が過去に犯した罪に対する真摯な謝罪や、政治家の暴言の防止、軍事性暴力を犯した歴史を教育し再発を防ぐこと等が求められている。そうであれば、「平和の少女像」は過去を常に思い出させ再発を防ぐための目に見える教育の一つになるのではないだろうか。

三　沖縄と軍事性暴力

第二次世界大戦下の地上戦において多くの犠牲を出し、死者を悼み平和を願う地であるにもかかわらず、戦後も日米安全保障条約に基づいて沖縄が軍事基地として米軍に提供されつづけていることを、シンシア・エンロー（Cynthia Enloe）は、「沖縄は今日なお、もっとも徹底的に軍事化された場所のひとつであり続けている」と指摘する（エンロー、2006年、67頁）。また、エンローは、第二次世界大戦中に沖縄に日本軍「慰安所」が設置されたことについて、沖縄における「軍事化のプロセスは、家父長制的にジェンダー化され、かつセックス化されていた」と述べている（エンロー、２００６年、66頁）。

第二次世界大戦中、沖縄には第三二軍が配備された。住民を巻き込んだ激しい地上戦が展開され、各地で「強制集団死」（いわゆる「集団自決」）が発生し、多くの住民が犠牲になった。米軍は大戦末期に沖縄に上陸し占領を開始した。そして沖縄は、終戦後は１９７２年までの27年間、米軍統治下にあった。１９７２年５月15日の日本「復帰」後は、日米安保条約に基づいて沖縄は米軍に提供されつづけている。沖縄における米軍基地にまつわる問題は、単に70・３％の基地が集中しているという数値の問題ではなく、そこで軍事性暴力、環境汚染、騒音被害といった具体的な人権侵害が起こりつづけ、米軍の長期駐留から派生する被害に日々さらされていることを表している。非暴力平和主義を掲げる日本国憲法の下へ「復帰」して以降も、沖縄の現状は相変わらず軍事化されている。

１　沖縄の「慰安婦」

沖縄に設置された「慰安所」には、当時沖縄に存在していた尾類（ジュリ）と呼ばれる辻遊廓の女性たちが動員された（山田、１９９２年、７－12頁）。「辻」は、沖縄の那覇の一角に、１５２６年につくられたといわれる社交場であった。辻では、抱親（アンマー。母という意味）が、売られてきた２～５名程の女性を抱え、教育を施し、育て、芸妓や娼妓として働かせた。

辻は、売られてきた子が成長すれば、女性の性を金で買う男性が出入りする場でもあった（上原、1989年、iii–iv頁）。

朝鮮半島からも多くの女性たちが連行され「慰安婦」にされた（川田、1995年、128–134頁）。沖縄における「慰安所」は、沖縄本島の南部から北部、離島まで、ほとんど全域に存在しており、延べ145カ所の「慰安所」が設置されていたことが明らかになっている（宮城、2017年、44頁）。

朝鮮半島出身の元「慰安婦」で戦後も沖縄に残らざるを得なかった裵奉奇《ペポンギ》が、沖縄における「慰安所」の様子を語っている。

裵奉奇《ペポンギ》は、貧しい家に生まれ、7歳のころから手伝いとして家々を転々とし、1943年、29歳のときに、当時「女紹介人」と呼ばれ、軍と結びついて若い女性を斡旋していた朝鮮人と日本人の二人の男性の甘言を信じ、興南から京城、釜山を経由して日本の門司へ移送された。裵奉奇《ペポンギ》は、釜山を出る前に性病検査をされたという（川田、1987年、13–46頁）。そして、彼女は門司から鹿児島を経由して沖縄へ移送され、さらに渡嘉敷島へ連行され、そこで「慰安婦」として生活した。彼女が沖縄に上陸したとき、すでに沖縄は地上戦の最中であり、那覇は空襲で壊滅状態だった（川田、1987年、50–54頁）。

渡嘉敷島に「慰安婦」が到着する前に、渡嘉敷島の女子青年団が「貞操を守るという観念には昔から伝統的に厳格」な「清い村」に、「命より大事な」性を売り物にする施設を設置するのは、風紀が乱れ、地域の女性も軍人に「そのような女」だと勘違いされるという理由で反対した。しかし、村長と元海上挺進第三戦隊隊長が、女子青年団代表を「だいたい戦地は慰安所を置いている」、「慰安婦」を置くことが、地元の女性たちの身を守ることにつながると説得し、女子青年団は阻止運動を止めたという（川田、1987年、58－60頁）。

この女子青年団の「『慰安婦』の人権よりも、男性の性のはけ口としての『娼婦』を必要悪として」認めた判断は、「明治民法施行後の天皇を頂点とした家父長制によって培われた思想」のためであったと指摘される。沖縄では、家父長制を背景として、辻遊廓の女性を「遊興の対象」とし、あるいは「男児を産まない妻の『代替妻』として利用」してきた（宮城、2017年、56頁）。「清い女性」たちとは区別された「そのような女性」（「娼婦」）は、家父長制を背景として、「清い女性」の性を守るために差し出されたのである。

裵奉奇《ペポンギ》を含む7名の、朝鮮半島から渡嘉敷島へ連行された女性たちは、軍が民間人から接収した赤瓦の家に収容された。その家は、集落のはずれにあり、小高い山で集落から隔てられていた。裵奉奇《ペポンギ》や他の「慰安婦」たちは、「慰安所」では、それぞれ日本名で呼ばれていた。「慰安婦」の中には、まだあどけない女性もいたという（川田、1987年、61－63頁）。

彼女のいた「慰安所」でも、軍人が多く詰めかけた際には、入口に列をつくって待っており、休む暇もなかったこと、外で順番待ちをしている軍人が壁を叩いて急かしていた様子は、他の地域に設置された「慰安所」と同様であった。また、裵奉奇《ペポンギ》は、軍人が多く詰めかけたときには、腰や陰部が痛んだこと、生理のときにも軍人の相手をしなければならなかったと述べている（川田、1987年、66－68頁）。

渡嘉敷島の「慰安婦」たちには、1945年3月23日の空襲以降、激しい空襲に巻き込まれ、亡くなった者もいる。生き残った女性たちは、軍隊とともに行動して、炊事や水汲み、洗濯などもしていた。そして、彼女たちは、8月26日の武装解除式の後、米軍に投降し、座間味島へ送られた（川田、1987年、74－97頁）。

裴奉奇《ペポンギ》は、その後、沖縄本島の収容所へ収容され、収容所を出た後は、沖縄県内各地を転々とした。行くあてもない彼女は、終戦後にできた歓楽街で、1日から長くても1週間程度滞在しては、店を転々と変えながら、自らの性を売って生活せざるを得なかったという（川田、1987年、98－111頁）。

2　戦後沖縄の軍隊と性暴力

東アジアにおける米軍基地網は、軍による性暴力を継続させた。第二次世界大戦において沖縄に侵攻した米軍は、その後沖縄に駐留し、1947年3月に「占領軍への娼業禁止」に関する布告を出したが、売春そのものは見逃した。本格的に米軍基地を建設し始めると、1949年9月に、沖縄には米軍の指示で歓楽街がつくられた。「表向きは飲食店などが並び売春街ではないとされたが、実際には売春が黙認された」。戦後の米軍駐留によって、沖縄の売買春は戦前よりも拡大した。軍人に性病患者が発生すると、軍が感染ルートを調査し、感染源となった女性や、女性の勤めるバーや売春施設を特定し、オフリミッツ措置をとった。米軍は、表向きは米軍人による「買春を認めない措置を取るが、実態はオフリミッツを通じて業者らに性病治療や衛生管理を徹底させる方法」をとっていた（林、2006年、397－400頁）。林は、「東アジアにおける米軍基地は、各地域における性売買を大量に生み出し、性売買の隆盛の契機となった」と指摘する（林、2006年、402－403頁）。

沖縄では、発生しつづける米軍人による性暴力のために、「沖縄知事は米軍専用の慰安所建設を提案しなければならないほど」であったという（宮城、2017年、58頁）。沖縄では、米軍基地周辺にできた「歓楽街」での米軍人相手の売買春業が、戦後も沖縄に残っていたと考えられる元「慰安婦」や、戦争で男手を失った女性や親をなくした少女たちの受け皿になった。

林は、「性売買・人身売買の横行とそれを当然視する社会は、性売買女性への侮蔑的差別的な意識を再生産しつづけ」、第二次世界大戦における「慰安婦」を含む性暴力の被害者や、「米軍による性暴力被害者が長年にわたって沈黙を余儀なくされ」てきたことと関係し、日本軍「慰安婦」たちの声は、「日本がその戦争責任をあいまいにしてきたことと、性売買の横行を容認する社会（日本でも韓国でも）により、幾重にもその声を封じられてきた」と述べる（林、2006年、402-403頁）。

この指摘は、沖縄においては、沖縄に居住している元「慰安婦」たちの沈黙や、第二次世界大戦中・大戦後の米軍人による性暴力被害者たちの沈黙と深く関わっている。沖縄における軍隊と性暴力の関係は、辻遊廓の女性たちの日本軍「慰安婦」徴集に始まり、米軍の沖縄上陸に伴う性暴力、終戦後の米軍相手の歓楽街を中心とした売買春や米軍人の性暴力、そして現在の平時における米軍人による性暴力へと続いている。

旧日本軍「慰安婦」が、日本兵による強姦を抑止するどころか、「慰安所」内における性暴力を容認したことが「慰安所」外での性暴力につながったように、戦後も売買春施設があったとしても、基地内で働く沖縄住民や、基地周辺住民がレイプされる事件は後をたたなかった。

軍事性暴力は、軍隊の構造的暴力であるといわれるが、男性性を誇示しようとするとき、男性は暴力的になるといわれる。とりわけ「常時死の危機にさらされている兵士は、無化されるかもしれない男性性を誇示するために、必要以上に暴力的になる。またそのことが戦場で求められる。それゆえ兵士たちの暴力性が常時維持されるための場が必要」であり、「買春施設は、女性に対する暴力的性行為が許容され」、兵士の暴力性の維持に資する場所である。軍隊は、「男性の性的欲望は本質的に暴力的であるというイデオロギーが量産」

される組織であり、「公娼制度があるから兵士がそれを利用したのではなく、軍隊の維持のために公娼制度が必要とされ、その常置が正当化され」る（大越、１９９８年、１１３－１１４、１２１頁）。

暴力的な男性性を誇示する組織である軍隊は、男らしさの維持のために性暴力を黙認してきた。日本軍は、強姦防止の名目で「慰安所」という軍事性暴力に資する制度内での強姦を黙認し、そのために生じた「慰安所」外での性暴力も黙認した。軍当局にとって、軍用の売買春と軍事性暴力の境界線は曖昧であり、軍事性暴力を防ぐために、軍用売買春が提供される。軍用売買春を利用する軍人たちが、売買春の外で性暴力に及ぶのを防ぐという発想において、性暴力と売買春における行為主体は「同じ」軍人である（エンロー、２００６年、66頁）。

軍隊との共存は、軍事化された性暴力とも隣り合わせだということである。例えば、１９９５年9月に沖縄で発生した3名の米軍人による少女強姦事件において、主犯となった米軍人は、買春をしようと考えたが、お金がなかったことから、強姦を企てた。そして共犯の米軍人に提案し、実際に少女に対して集団で性暴力をふるった（エンロー、２００６年、67頁）。そして本件について、当時のアメリカ太平洋軍司令官リチャード・マッキー海軍大将が、「レンタカーを借りる金で女が買えたのに」と述べ（エンロー、２００６年、75頁）、かなりの非難を浴びたが、この発言は、軍隊にとって、強姦と売買春の境界線は曖昧であることを表している。

沖縄を拠点に活動する「基地軍隊を許さない行動する女たちの会」共同代表の高里鈴代は、米軍人の感覚、認識では、「沖縄全体が米軍基地」であり、駐留受け入れ地域への「深い差別」があると指摘する。日本「復帰」後も米軍基地から派生する暴力は解決されず、「暴力の核になっているのは、女性が受ける性暴力」である。他者に対する「敵対心や相手を支配、侵略、占領することをミッション」とし、優越感を持った軍人たちが、地域にとどまると、「戦闘に参加した兵士たちが持つ非常な緊張や怒りは、駐留地域で吐き出され」る（高里、2017年、113頁）。訓練基地として、前線基地として、終戦後、平時でも軍隊に囲まれて生活することを余儀なくされている沖縄では、常に軍事性暴力の危険と隣り合わせである。

しかし、「戦略であると認識された『武力紛争下の性暴力』と、『駐留軍隊による性暴力』とのつながりについての注目はまだ乏しい」く、平時の軍事性暴力は注目されにくいことが指摘されている。「武力紛争下の組織的性暴力の残虐性や規模の大きさが与える衝撃と比べられると、駐留軍による長期に亘る性暴力は後回しにされがち」であり、「駐留外国軍というと在外米軍が大半なので、国連や国際機関でこの問題を取り上げようとすると米国政府の横槍がはいることもある」（秋林、2012年、108頁）。平時における軍事性暴力は、長期駐留する軍隊によってもたらされつづけている。

3　「慰安婦」問題と沖縄基地問題の接点

先に述べたように、沖縄に「慰安所」が設置されたとき、最初に差し向けられたのは、辻遊郭の女性たちであった。辻は、売られてきた女性たちに踊りや歌等の教養を身に付けさせるという点で肯定的に捉えられるものの、「女性の体が売られ、性が売られ……女性の性をそのように扱ってきた社会であり、一家が食いはぐれた時には娘を売ってもいいという社会であり、売られる娘は場合によっては家を救うので重宝される社会」が、沖縄にもあったということである。それは「天皇制を守るために沖縄を捨て石にした作戦」と同じように、日本兵による強姦から地域の女性を守るために辻の女性たちが差し出され、あるいは米兵から他の人々を守るために女性を差し出すような社会である。高里は、国家の安全を軍隊で守ろうとする社会について、「隠している武器の力によって相手を威嚇することによって国の安全を守る社会は、対等な関係を持つことを軽視する社会」であり、その国家の内部にも影響すると述べる（高里、2017年、115－116頁）。男性性を誇示する軍隊による安全保障を維持するために、弱い女性・少女たちの人権を軽視してきた社会に通ずる。

戦中の「慰安所」内外における軍事性暴力、米軍人による攻撃の手段として、戦利品としての性暴力、そして戦後の米軍人相手の「歓楽街」での性暴力と、今日まで続く平時の軍事性暴力と、沖縄の軍事化は、常に女性・少女に対する性暴力と密接である。

そして、沖縄が日本社会の一部であることから、旧日本軍の性暴力に真摯に対応しないことは、現在の軍事性暴力を軽視し十分に対応できていない現状と地続きである。２００５年に米軍人による性暴力事件が起きた際に、高校生のときに米軍人３名によって性暴力をふるわれた女性が、当時の稲嶺恵一知事に公開書簡を送り、自ら受けた被害を明らかにしつつ、「米兵達は今日も我が物顔で、私達の島を何の制限もされずに歩いています。仕事として「人殺しの術」を学び、訓練している米兵達が、です。稲嶺知事、一日も早く基地をなくして下さい。沖縄はアメリカ・米軍のために存在しているのではありません」と切実な思いを訴えた（『沖縄タイムス』デジタル版、２０１６年6月19日、最終閲覧２０１９年８月30日）[7]。

町村信孝外務大臣（当時）に東門美津子衆議院議員（当時）が、この手紙について質問したが、町村外務大臣は、基地があるために発生する人権侵害や暴力と、日本全体の安全保障とは「次元が違う」という趣旨を述べたという（高里、２０１７年、１１１頁）。一部の犠牲のうえに成り立つ軍事力による安全保障を当然視し、そこで犠牲になりつづけている人権について深く考慮していない。しかし、先の被害者が公開書簡に述べているように、「沖縄はアメリカ・米軍のために存在しているのでは」ない。もちろん、日本全体のために沖縄が犠牲になりつづけることも不合理である。「慰安婦」問題を人権問題だと受け止め、反省しつづけ、その再発防止と被害者の尊厳回復に努める社会であることは、沖縄の米軍基地被害を容認しながら、軍事による安全保障に頼る現状の再考につながる。

おわりに

２０１９年7月、「となりの宋さん――『慰安婦』被害を訴え、生き抜いた宋神道さんを記憶する」写真展に出向いた。日本の植民地下の朝鮮で生まれ、中国で「慰安婦」被害にあって以降、「部隊付き」の「慰安婦」として被害にあいつづけ、敗戦とともに日本に行きつき、２０１７年12月16日に亡くなるまで日本で暮らした。在日の元「慰安婦」として１９９３年に日本政府を提訴し、１９９９年に東京地裁、２０００年に東京高裁から請求棄却判決を受け、２００３年には最高裁で上告棄却判決を受けた（「となりの宋さん」写真展パンフレット）。騙されて「慰安婦」として徴集され、日本軍の軍曹に「結婚して日本に行こう」と誘われながら放り出され、「慰安婦」として受けた心身の傷を抱えながらも、生き抜いた「個人」の人生が写真展には表れていた。

元「慰安婦」は一人ひとり生身の人間である。当たり前のことだが、日本政府は忘れてはいないか。被害者たる人間そのものを抜きにして、国同士の合意で、個人の受けた被害を回復することはできない。そして、元「慰安婦」は、史実を超えて生身の人間であることを再確認しつづけることが、被害の残忍さを日本人、日本社会に記憶させつづける根本ではないかと思う。

日本軍「慰安婦」制度は、旧日本軍が制度として、売買春の形式をとりながら設置、管理、運営し、日本軍人が利用した軍用の性奴隷制であった。「慰安所」内外で大量に、そして残虐に引き起こされた性暴力は、「最終的・不可逆的解決」という名目で、戦後日本が忘れ去ってはいけない負の歴史である。当時の軍人個人に回収できる犯罪ではなく、日本が個人の尊厳を重んじる国家として正式に責任を負い、記憶しつづけ、教育し再認識しつづけることが二度と再び同じ罪を犯さないことにつながる。加害国の責務である。

また、過去の軍事性暴力に向き合うことは、平時の日本で起こっている駐留米軍による性暴力に向き合うことにつながる。平時において一部の人々の人権を侵害する危険性を内包している組織に頼って、国の安全を守ろうとする軍事による安全保障は、真に人間の安全を保障しているといえるのだろうか。日本軍のために「慰安婦」を差し出し人権侵害を黙認した歴史に連なる。

軍事性暴力は、軍人個人の犯罪と安易にみなすことはできない。軍事性暴力について、高里は、攻撃や侵略を目的として、「そのための訓練をしている生身の人間が駐留地域で暴力を振るったり犯罪を起こしたりするとしたら、それは単なる一個人の犯罪とみなすことはできないはず」と指摘する。軍事主義国家が、「軍事力を強固にしていくことが国の安全を保障すると考えている国家」体制に生身の人間を組み込み、兵士に仕立てる。兵士はそのような国家体制を体現している。駐留受け入れ地域の側からみると、「軍隊に期待される力」による加害性が駐留受け入れ地域の、特に女性に向けられる（高里、2017年、111頁）。

沖縄に米軍基地を偏在させていることによって、何が犠牲にさせられているのか、日米安保条約に基づく安全保障の非人道性、同条約の運用の差別性、そして、より根本的には軍事による安全保障の妥当性の検討が求められる。「慰安婦」問題は過去の問題ではなく、軍事化した性暴力に目を向けたとき、現在に続く問題を提起している。

註

1　その後、萩生田光一文部科学大臣（当時）は、補助金として決定していた7800万円全額交付をしないと発表した（2019年9月26日）。展示内容ではなく、会場の運営を危うくする事態を予測できたにもかかわらず申告しなかった手続きの不備を理由とした補助金の取消しであった（『朝日新聞』デジタル版、2019年9月27日、最終閲覧2020年2月7日）。中止していた展示は、10月8日から再開された。補助金を交付しないという決定は、手続きの不備を一応の理由としているが、先の菅官房長官発言からは、展示物の内容が助成取消しに影響しているのではないかと考えられる。

2　「表現の不自由展・その後」実行委員会ホームページ https://censorship.social/

3　女性国際戦犯法廷は、手続きの適正・客観性という刑事訴訟の原則に基づいて、開廷に際し、日本の総理大臣に2度参加招請状を送付し、審理について通知していたが、日本側からの応答はなかった。応答がなかったため、日本政府の国内裁判所での主張等を基にした法廷助言者（アミカス・キュリー）を用意して、公平な審理を行った（VAWW-NET Japan、２００２年b、１１６頁）。

4　外務省ホームページ https://www.mofa.go.jp/mofaj/a_o/na/kr/page4_001664.html（最終閲覧２０１９年８月20日）

5　首相官邸ホームページ https://www.kantei.go.jp/jp/97_abe/discource/20150814danwa.html（最終閲覧２０１９年８月22日）

6　外務省ホームページ https://www.mofa.go.jp/mofaj/a_o/na/kr/page4_001668.html（最終閲覧２０１９年８月31日）

7　２０１６年４月に元米軍人である軍属が、強姦致死事件を起こした際に、再度、新聞『沖縄タイムス』に掲載されたものを引用した。

参考文献

秋林こずえ（２０１２年）「ジェンダーの視点から考える在沖米軍基地」、『国際女性』26号。

上原栄子（1989年）『辻の華・戦後篇』上巻、時事通信社。

大越愛子（1998年）「『国家』と性暴力」、江原由美子編『性・暴力・ネーション　フェミニズムの主張4』勁草書房。

小畑郁（2006年）「請求権放棄条項の解釈の変遷」、斧田健太郎、棟居快行、薬師寺公夫、坂元茂樹編集代表『講座国際人権法I　国際人権法と憲法』信山社。

川田文子（1987年）『赤瓦の家――朝鮮から来た従軍慰安婦』筑摩書房。

――（1995年）「沖縄の慰安所」、吉見義明・林博史編著『共同研究　日本軍慰安婦』大月書店。

シンシア・エンロー（2006年）『策略――女性を軍事化する国際政治』岩波書店。

高里鈴代（2017年）「辺野古、高江で今　高里鈴代インタビュー」聞き手：秋林こずえ、『女性・戦争・人権』第15号。

高橋哲哉（2001年）「女性国際戦犯法廷で裁かれたもの」、VAWW-NET Japan編『裁かれた戦時性暴力』白澤社／現代書館。

田中秀幸（2016年）「安倍晋三と日本軍性奴隷問題」、前田朗編『「慰安婦」問題・日韓「合意」を考える――日本軍性奴隷制の隠ぺいを許さないために』彩流社。

西野瑠美子（2001年）「被害者の尊厳回復と『法廷』――『証言』とは何であったか」、VAWW-NET Japan編『裁かれた戦時性暴力』白澤社／現代書館。

――（2016年）「責任と反省なき二重基準で、『私たち』はこの過去を終わらせることができるか」、前田朗編『「慰安婦」問題・日韓「合意」を考える――日本軍性奴隷制の隠ぺいを許さないために』彩流社。

VAWW-NET Japan（２００２年ａ）『日本軍性奴隷制を裁く――２０００年女性国際戦犯法廷の記録第５巻　女性国際戦犯法廷の全記録Ⅰ』緑風出版。

――（２００２年ｂ）『日本軍性奴隷制を裁く――２０００年女性国際戦犯法廷の記録第６巻　女性国際戦犯法廷の全記録Ⅱ』緑風出版。

林博史（２００６年）「基地論――日本本土・沖縄・韓国・フィリピン」、倉沢愛子、杉原達、成田龍一、テッサ・モーリス・スズキ、油井大三郎、吉田裕編『岩波講座７　アジア・太平洋戦争　支配と暴力』岩波書店。

――（２０１５年）『日本軍「慰安婦」問題の核心』花伝社。

前田朗（２０１６年）「性奴隷制とは何か」、前田朗編『「慰安婦」問題・日韓「合意」を考える――日本軍性奴隷制の隠ぺいを許さないために』彩流社。

松井やより（２００１年）「まえがき」、VAWW-NET Japan編『裁かれた戦時性暴力』白澤社／現代書館。

宮城晴美（２０１７年）「沖縄における『軍隊と性』」、『女性・戦争・人権』第15号。

山田盟子（１９９２年）『慰安婦たちの太平洋戦争沖縄篇　闇に葬られた女たちの戦記』光人社。

梁澄子（２０１６年）「責任転嫁を許さない――立ち上がる韓国の被害者と市民」、前田朗編『「慰安婦」問題・日韓「合意」を考える――日本軍性奴隷制の隠ぺいを許さないために』彩流社。

琉球／沖縄差別の根底にあるものは何か
――憲法の視点を交えて

はじめに

２０１７年５月３日の憲法記念日、安倍晋三首相（当時）は日本国憲法９条改憲・自衛隊の憲法明記に言及した。その後も改憲への意欲を維持し、２０１９年の憲法記念日にも、２０２０年の憲法改正・施行を目指すと述べた。自民党は、２０１８年３月の党大会で、改憲４項目（自衛隊明記、緊急事態条項、教育無償化、参議院合区解消・地方自治）について改憲条文イメージを作成している。２０１９年７月に行われた参議院議員選挙では、改憲を公約に掲げたものの９議席減らし、それでも９月11日の第４次安倍再改造内閣の発足に際して、安倍首相は自民党主導で改憲論議を進めるとし、「困難でも必ず成し遂げる決意だ」

と、改憲へ向けた前のめりの姿勢を見せた。

2012年に再び安倍首相が政権の座について以降、憲法の規定そのものは改定されていなくとも、特定秘密保護法の制定、集団的自衛権行使容認の閣議決定、それに次ぐ集団的自衛権行使容認の平和安全法制の整備など、憲法を破壊する法整備を行いつづけ、改憲に至らない段階で憲法9条を死文化しようとする試みが着実に行われてきた。

1972年5月15日の日本「復帰」の際に琉球／沖縄が求めた非暴力の平和と人権を掲げた日本国憲法は、形骸化の一途をたどっている。また、日本「復帰」から47年、本当の意味で琉球／沖縄に憲法が適用されたことはないと指摘せざるを得ない現状が続いている。

「復帰」によっても米軍基地被害は継続し、日本の軍事組織である自衛隊まで設置された。平和憲法へ「復帰」してもなお、琉球／沖縄は軍事化されつづけている。特に米軍基地の偏在から生じる種々の基地被害は「沖縄問題」と呼ばれ、琉球／沖縄で生きる人々を悩ませている。そして、民主主義を踏みにじりながら沖縄に対する米軍機オスプレイの押しつけや、東村高江のヘリパッド建設、辺野古新基地建設、そして島嶼地域における自衛隊基地の新設など、平和憲法を裏切る既成事実が着々と琉球／沖縄を舞台につくられている。琉球／沖縄が「復帰」で求めた憲法はどこへ行ってしまうのだろうか。

さて、当たり前のことであるが、「沖縄問題」は、琉球／沖縄が引き起こした問題でもなければ、琉球／沖縄だけで悩む問題でもない。「沖縄問題」は、日本人の多くが支持している日米安全保障条約に基づいて、70・3％も沖縄に集中させている在日米軍基地から派生する問題であり、本来的に琉球／沖縄だけで解決することが困難であるにもかかわらず、琉球／沖縄に被害が集中し、しかもその被害が日本本土には見えにくいという、琉球／沖縄には不利な問題である。なぜ日本政府や日本本土の日本人は、「沖縄問題」などといって、日本の条約に基づく不利益な状況を押しつけつづけることができるのだろうか。琉球／沖縄と日本本土の「温度差」の根底にあるものは何なのだろうか。

筆者は、いわゆる「沖縄問題」が、日本全体の問題意識として共有されず、そのため琉球／沖縄に問題を押しつけ、解決が進まない要因は、植民地主義に基づく意識にあるのではないかと考えている。しかも琉球／沖縄に対する植民地支配は認識しづらく、日本人は植民者としての意識を十分に持てずにいるために、沖縄に対する差別的状況に対応できずにいるのではないか。本稿では、この「沖縄問題」にまつわる差別的な状況について、現状や憲法の観点、琉球／沖縄内外の植民地主義から、多面的に検討し、「沖縄問題」の根底にあるものを考えたい。

1 日本と琉球／沖縄の間にある溝

1 米軍基地の偏在

新崎盛暉は、琉球／沖縄に対する日本の差別的な状況を「構造的沖縄差別」という言葉で表現した。以下、新崎の主張に基づきながら米軍基地の沖縄への偏在という差別的状況について考察する（新崎、2017年、4－5頁）。

この構造的沖縄差別は、「象徴天皇制・（非武装国家日本↓）アメリカの目下の同盟国日本・沖縄の分離軍事支配の3点セット」として出発した。象徴天皇制と平和憲法に基づく非武装国家日本を維持することと、沖縄の軍事占領支配はセットなのである。

この沖縄に対する扱いは、「50年代後半から、日本政府によっても積極的に利用されるようになり、沖縄返還後も維持強化された」。

そして新崎は、「対米従属的日米関係の矛盾を沖縄にしわ寄せすることによって日米同盟を安定させる仕組み」だと述べている。ここにいう「日米関係の矛盾」は、琉球／沖縄にとっては、米軍基地との共存というありふれた現実として経験されているが、この矛盾は日本本土に住む人々には、現在ほとんど見えない。なぜなら日米両政府は、日米安保改定の前段階として、日本に駐留する「海兵隊など、一切の地上部隊を日本から撤退させることに合意」し、撤退した海兵隊などを琉球／沖縄に移駐させたからだ。その結果、1960年の安保改定の時点では、日本本土と琉球／沖縄の米軍基地の比率は、ほぼ1対1となり、日本本土の米軍基地が約4分の1に減り、一方で琉球／沖縄の米軍基地が約2倍になった。新崎は、1972年の沖縄返還は、沖縄の反基地運動の盛り上がりに対して、「沖縄を日本に返還して在沖米軍基地の維持責任を日本政府が負う」政策であり、返還に際して在日米軍基地を再編し、日本本土の基地を琉球／沖縄へ移動することによって、日本本土の基地を約3分の1に減らし、一方で琉球／沖縄には在日米軍基地の大半が集中することになったと指摘する。

琉球／沖縄への米軍基地集中は、日米安保条約、日米関係の安定的な維持のために政策的に行われたものであり、基地の現状が見えにくい日本本土では、米軍基地への関心は次第に低くなっていった。日本本土は、軍事力によらない平和主義を掲げた日本国憲法を維持しながら、実害を受けない形で軍事による安全保障の「恩恵」を受けてきたのである。合憲と判断するのが非常に困難な日米安保条約体制と憲法9条の併存を実現するための方策として、米軍基地の大半が琉球／沖縄に押し込められてきた。「沖縄問題」は、日本国憲法と安保条約体制の矛盾の集積である。

不公平な基地負担に対して、琉球／沖縄からはかねてから公平負担を求める声が上がっている。たとえば、１９９６年の代理署名訴訟[1]の最高裁判所における意見陳述で、大田昌秀沖縄県知事（当時）は、米軍基地の公平負担や県外移設の必要性を述べている（大田、２０００年、３２２頁）。しかし、それは現実になるどころか負担軽減はいまだにほど遠い。

鳩山由紀夫元首相は、米軍普天間飛行場の移設先について「最低でも県外」という政策を掲げ、失脚した。「最低でも県外」の主張は、公平負担を求めるものであり、沖縄では歓迎された。しかし、「最低でも県外」という方針は、亡きものにされた。辺野古移設を推進してきた外務、防衛官僚の妨害や閣内の非協力により鳩山首相は孤立化し、さらに主要メディアも県外移設は非現実的だと報道したことで頓挫してしまったのである。その後、菅直人、野田佳彦と続いた民主党政権は、辺野古移設のための手続きを進めていった（新崎、２０１７年、５頁）。

２０１２年末に発足した安倍内閣は、民主党政権に引き続き、辺野古新基地建設を強行している。辺野古新基地建設に固執する安倍内閣によって、沖縄では、民主主義や人権といった憲法の基本的な部分が当然のように踏みにじられている。２０１４年12月の県知事選挙における翁長雄志の勝利は、その前年に仲井眞弘多知事が行った辺野古埋め立て承認に対する、沖縄県民の明確な反対の意思表示であったが、その民意は無視された。２０１

4年の衆議院議員選挙では、政府が後押しする候補者は、沖縄の4選挙区ではすべて落選した（その後、比例区で全員復活当選している）。2016年の参議院議員選挙では、当時現職の沖縄および北方対策担当大臣であり、辺野古新基地建設を推し進めていた候補者が選挙区で落選した。2017年の衆議院議員選挙でも三つの選挙区で反対派候補が当選し、2019年の衆議院議員補欠選挙、参議院議員選挙に勝利したのも反対派候補だった。そして何より2018年9月には、前月に死去した翁長雄志知事の遺志を継ぐ玉城デニーが知事選史上最多得票で誕生しており、さらに2019年2月24日に実施された「辺野古米軍基地建設のための埋立ての賛否を問う県民投票」でも、反対が投票総数の71・74％を占めた（投票率52・48％）。

このように長引く辺野古新基地建設にまつわる闘争、政府との対立の中にあっても、沖縄県民の民意が揺るがないことは、何度も何度も選挙や投票で示されている。しかし、民主主義を重んじない日本政府は民意を無視し、新基地建設を「粛々と」進めている。

しかも闘争の場では、非暴力の座りこみに対する警察権力による強制排除や、警察機動隊による土人・シナ人発言、反対運動のリーダー山城博治氏の不当逮捕・長期拘留、海上で抵抗運動をする人に対する海上保安庁の隊員による暴力等、人権侵害が横行している。

現在の目に見える弾圧の状況について新崎は、「沖縄の民衆が、戦後70年を超える闘いの歴史的経緯を踏まえ、自らの自治・自決の主張の正当性に自信を持ち始めている」が、一方で日本の「軍事力重視の安全保障政策を推し進めようとする傾向」が同時並行的に進んでいるために、「沖縄の民意、住民の人権、自然環境の保全などはすべて無視あるいは軽視されている」と分析する（新崎、２０１７年、８頁）[2]。

沖縄側の不屈の抵抗の一方で、日本の軍事化の流れがあり、軍事化のために沖縄の民意、人権、環境も無視、軽視される状況が起こっている。まさに沖縄では、憲法が機能していないのである。

2　日本の軍事組織の設置・増強と新たな「捨て石」作戦

日本本土に「復帰」することによって沖縄にも自衛隊基地が設置された。自衛隊の軍備は近年増強され、奄美以南の琉球諸島において、自衛隊の新設、強化が問題となっている。防衛相の「中期防衛力整備計画（２０１４－２０１８年度）」における基本方針の一つとして、島嶼部に対する攻撃への対応が掲げられている。そしてそのためには、「安全保障環境に即した部隊などの配置」「平素からの常時継続的な情報収集、警戒監視などにより、兆候を早期に察知し、海上優勢・航空優勢を獲得・維持することが重要」であり、「侵攻が予想される地域に陸・海・空自が一体となった統合運用により、敵に先んじて部隊を展開・集中し、敵の進行を阻止・排除する」という基本的な考え方の下で、島嶼部において自衛隊が強化されている。

沖縄にある航空自衛隊の那覇基地では、２０１６年１月に51年ぶりに第９航空団が新編され、Ｆ15がこれまでの２倍の40機に増え、隊員数も約３００名に増員された（『琉球新報』２０１６年２月１日）。そして２０１７年７月、南西航空方面隊を新編・強化した。それまで自衛隊基地のなかった与那国島にも、２０１６年３月には陸上自衛隊の与那国沿岸監視隊が新編された。そして、宮古島では、２０１９年３月26日、上野原駐屯地に陸上自衛隊宮古警備隊が発足、４月７日には隊旗授与式が行われた。この陸自の基地にはさらに地対艦誘導弾部隊、中距離地対空誘導弾部隊の配置が計画されている（『宮古毎日新聞』２０１９年４月９日）。中距離多目的誘導弾を保良《ぼら》鉱山地区弾薬庫に保管する計画で、保良鉱山地区に弾薬庫が建設される。また石垣島の平得大俣地区にも、陸上自衛隊基地を建設予定であり、２０１９年３月５日、掘削工事が着手された（『八重山毎日新聞』２０１９年３月６日）[3]。

宮古島に建設された宮古島上野野原の宮古島駐屯地を視察すると、弾薬庫の保管庫と思われる施設の隣にジェット燃料のガソリンスタンドがある。緊急時にはヘリの離発着の可能性もあるとされるグラウンドの予定地もあるが、基地のフェンスと民家との間には、自動車１台が通れるほどの細い道があるだけである。弾薬庫の建設予定地の保良鉱山からわずか２００メートルの場所には人々が住む集落がある。また宮古島駐屯地からさほど離れていない野原集落には、航空自衛隊のレーダー基地もある。宮古島そのものが、軍事基地化され機能を強化されている。石垣島の平得大俣も、基地の建設予定地の周りは、民家と人々が生活し日々働く畑である。

自衛隊の島嶼地域への設置・増強は、防衛体制強化のためとされるが（『防衛白書』2018年、321頁）、海に囲まれた与那国、石垣、宮古の基地が、標的にされて攻撃された場合、住民に逃げ場はない。また民家、集落の近くに弾薬庫を設置するという発想そのものが、住民の生命をないがしろにするものであり、軍事優先で差別的な思考の表れである。住民に逃げ場がないことを知りながら、軍事基地を次々に設置しようとする日本政府の政策の根底には、もし万が一標的となったとしても構わないという考えがありはしないだろうか。そうであれば、島嶼防衛計画に基づく自衛隊新基地の設置や増強は、現代の「捨て石」作戦といわざるを得ないだろう。

しかし、この危険な自衛隊新設・増強であるが、沖縄県内においても議論の盛り上がりに欠けていることは否めない。翁長前沖縄県知事もそうであったが、現在の玉城デニー知事も反対等、何らの行動も起こそうとはしない。そして外間守吉与那国町長（当時）や下地敏彦宮古島市長（当時）、中山義隆石垣市長のように、自衛隊基地建設に賛同し協力する首長たちは、住民の反対の声を聞こうとはしない。日本の自衛隊であれば（米軍とは異なり）問題なしとする姿勢は、かつて琉球／沖縄が日本の武力によって併合された歴史を忘れてしまっているように思えてならない。

そして、「日米安保条約に基づく日米安保体制は、わが国自身の努力とあいまってわが国の安全保障の基軸」であり、「日米安保体制を基調とする日米両国間の緊密な協力関係は、わが国の周辺地域の平和と安定にとって必要な米国の関与を確保する基盤」であるという（『防衛白書』２０１８年、２５８―２５９頁）、現在の日本の軍事的な安全保障に関する基本的な考え方の下で、「わが国自身」の努力としての自衛隊の増強がある。

米軍と緊密に協働する軍事組織である自衛隊が、植民地としての沖縄の島々で増強されている状況下では、沖縄に生きる人々の生命や生活、人権は後回しにされるだろうことは容易に予測される。自衛隊の増強もまた、「構造的沖縄差別」の下で、琉球／沖縄の人々の生命や生活、人権を軽視した、琉球／沖縄の島々を軍事的に支配し利用しようとする政策だといえよう。

3　根本にあるものは何か

琉球／沖縄における基地問題は、米軍普天間飛行場の閉鎖・返還問題、辺野古新基地建設問題だけではない。嘉手納飛行場周辺住民による深夜・早朝の米軍機の飛行差し止めと損害賠償請求を求める第三次嘉手納爆音訴訟（現在第四次訴訟）が継続しているように、米軍基地による早朝や夜間を含めた騒音や環境汚染、事件・事故等も起こりつづけている。

基地の集中は、単に敷地面積の問題ではなく、騒音、暴力、汚染といった具体的被害も集中させるのである。

日々発生しつづける米軍被害を、高良鉄美は「平和的生存権の『具体的侵害』といわずして何と言えばいいのだろうか」と述べたうえで、地上戦を体験した世代の琉球人／沖縄人が、米軍の駐留と隣り合わせの生活を強いられることによって、戦争体験が「繰り返し平然と再現させられてきた。また、戦後世代の沖縄県民も、米軍の戦争行為によって、あるいはそれに起因する事件・事故によって恐怖を体験させられてきた」という（高良、1997年、123−124頁）。

琉球／沖縄では、軍事基地の下で、継続して憲法前文2段に掲げる平和的生存権が侵されているのである。

米軍基地の琉球／沖縄への集中は、基地被害の偏在も招いている。この状況は、上述したように日米による「構造的沖縄差別」である。日本政府は日米の軍事同盟を維持するために琉球／沖縄を利用しつづけているが、日本政府は、琉球／沖縄への負担を軽視、あるいは当然視している。なぜ差別の放置、黙認が行われつづけるのか。

乗松聡子（ピース・フィロソフィー・センター代表）は、日本の植民地責任の中で、「とりわけ不可視化されている現在進行形植民地主義の対象の一つ」として琉球／沖縄を挙げる。乗松は、ヘイトスピーチについての文脈の中で、日本は戦後、植民地主義を乗り越える努力をしなかったために「ヘイトの火種は多くの人の心の中に残存し、それが戦後世代にも引き継がれたのではないか」と指摘する（乗松、２０１８年、１０２頁）。

そうであれば、琉球／沖縄に基地の負担を押しつけつづけることのできる感覚、あるいは、２０１３年にオスプレイの配備撤回、米軍普天間基地の閉鎖、県内移設断念等の要求を掲げた「建白書」を携えて「東京行動」を行った翁長雄志那覇市長（当時）を団長とする沖縄の全41市町村の主張と議会議長、県議ら１４４名が、沿道から「非国民」「売国奴」「日本から出ていけ」などとヘイトスピーチを浴びせかけられたこと、高江ヘリパッド建設強行に対して反対運動をする住民に対して、機動隊員が投げつけた「土人」という言葉も、突然現代に現れたものではなく、精算されず戦後も引き継がれてきた植民地としての琉球／沖縄に対する「ヘイトの火種」に火が付いたことで顕在化したものだということになる。そして、火を付けたのは、日本政府を非難した琉球／沖縄の側の抵抗運動なのかもしれない。

琉球／沖縄の植民地化は武力による併合であったが、敗戦によって米軍の軍事占領下に切り離したあと、「復帰」の形をたどったことから、植民地支配は見えづらくなっている。それでも植民地・琉球／沖縄に対する差別意識、「ヘイトの火種」が残っていると考えれば、琉球／沖縄に対し政策的に米軍基地を集中させ、不利益を負わせながら黙認することも、植民地主義の延長線上にあると考えなければならない。

大田昌秀元沖縄県知事は、戦後45年、「復帰」18年にあたる1990年に行われた雑誌『世界』のインタビューで、琉球／沖縄の人が日本本土の人に対して感じる違和感の一つとして、「(日米）安保を肯定するならするで、自分の住んでいる生活環境下に基地を置くべきで、何故沖縄が一方的に加重な負担を強いられなければならないのか」、という反発が琉球／沖縄の側にはあることに言及し、そのうえで、政府側は日米安保条約の利益面だけを強調するが、「その悪影響や基地の周辺住民の生活環境についての配慮が必要」であり、配慮がなければ「戦争責任に対する曖昧な態度とどこか根っこでつながっているように思え」ると述べている（大田、1990年、49頁)。

大田の指摘する「戦争責任に対する態度」とは、沖縄戦における住民虐殺等の加害責任を日本政府が十分に負っていないことを指している。大田は、日本人の間には、朝鮮民族に対する不当な見方が残っているが、「沖縄の人々に対する見方や処遇も同様」だと指摘する。在日韓国人や琉球／沖縄住民は、国内のマイノリティであり、「国内のマジョリティがその事実にとくべつな配慮をして、同じ人間としてあくまで平等に処遇するのでなければ、いつまでも政府は無責任体制に終始し続けるだろうし、また一般国民の多くは、自らの繁栄のために国内のマイノリティ・グループに一方的に犠牲を押し付けても意に介さない」。これは、日本の民主主義の根幹に関わる問題であると述べている（大田、1990年、44頁)。

大田の指摘する状況は、インタビュー当時の1990年も現在もあまり変わらない。マイノリティである琉球／沖縄に米軍基地と基地から派生する被害を過重に負わせながら、日米安保体制を維持しつづけており、しかもマジョリティは日米安保条約を支持している状況がある。マイノリティである琉球／沖縄に対する「不当な見方」が残っているからこそ、不平等な処遇が続けられているし、琉球／沖縄の負担に目を向けずに済んでいるといえる。

4　憲法不適用について

琉球／沖縄には完全な形で憲法が適用されたことはない。日本の再軍備の結果、日本「復帰」の時点ですでに組織されていた自衛隊が、琉球／沖縄にも配備され、その上米軍の駐留も続いている。そのために平時においても日常的に平和的生存権が脅かされており、基地抵抗運動においても人権侵害を受けている。日米安保条約の存在により、法の下の平等は琉球／沖縄の人々には十分適用されてこなかった。そして、憲法の規定する武力によらない平和主義は、まさに琉球／沖縄において裏切られている。

1996年の代理署名訴訟の最高裁判所における意見陳述で、大田沖縄県知事（当時）は、日米安保条約を法の下の平等、基本的人権の問題、地方自治のありようの問題として指摘した（大田、2000年、322頁）。平等原則、平和主義と人権、地方自治に関して、国内のマイノリティにどのように配慮されているのかを検討する。

①平等原則・平等権

憲法14条1項平等原則・平等権規定の「人種、信条、性別、社会的身分又は門地」による差別を禁ずるという例示列挙事由に関する説明における先住民族、異民族の扱いは、次のようである。たとえば、宮沢俊義は「日本国民の間には、人種の違いが少ないから、人種を理由とする差別は、日本では、あまり問題になったことがない」と述べ（宮沢、1994年、274頁）、伊藤正己は「異人種でわが統治権に服する者がきわめて少数であり、これを法的に差別することによる問題は他国に比べてすくない」と説明する（伊藤、2007年、243頁）。また、芦部信喜も「日本では、アイヌ人・混血児・帰化人が問題となるが、とくに注目されるのはアイヌ民族問題である」と説明するが（芦部、2015年、134頁）、詳細には言及しない。

この状況について江橋崇は、「憲法学者による日本国憲法の解釈では、アイヌ民族に対する差別はほとんど無視されてきた」のであり、「うち続く差別にアイヌ民族の個人や運動体が悲痛な声を挙げ、国連の人権小委員会やＩＬＯなどで問題が浮き彫りになり、さらに行政の調査などでもアイヌ人に対する差別が指摘されている最近になってもなおほとんどの文献が沈黙を守っているとすれば、それは数十万名の人権侵害に対する恥ずべき無知」だと指摘している（江橋、1991年、474頁）。

比較的詳細な言及があるものとして、小林直樹は、「わが国では、血のミトスや人種的偏見に基づく差別は、事実問題として朝鮮人やアイヌの人々に対してみられるほか、……いわゆる未解放部落問題がある。これらは今日では、直接に『法の下の平等』に触れるような事件になることは少ないが、就職・結婚・住宅問題等の社会関係で、不当な差別がしばしば行われている。……民主社会において許し得ない現象であ」ると説明する（小林、1980年、338頁）。

このように先住民族、異民族、少数者として、アイヌ、在日朝鮮韓国人については、少ないながらも記述が見られる。しかし琉球／沖縄についての記述は見られない[4]。当事者である琉球人／沖縄人は、事実の問題として差別を経験しているし、また法的にも基地の加重負担のために差別されている。しかし憲法の中で、琉球／沖縄に対する日本本土の側からの根深い差別は語られてこなかった。琉球／沖縄に対する差別は憲法の中で見えない存在である。

②平和主義と人権

平和主義や人権についてはどうか。琉球／沖縄には、日米安保条約と憲法の矛盾が明確に表れている。憲法学では、憲法9条概念と日米安保条約を頂点とする法体系の併存が指摘されてきたが、日米安保条約の負担が沖縄に偏在している不平等性や、人権侵害について明らかにしてきたといえるだろうか。

琉球/沖縄からみれば、日米安保条約は平和主義の問題であると同時に人権に関する問題である。米軍が存在すること自体や、戦争に巻き込まれる恐怖だけではなく（平和的生存権の侵害）、日常的な騒音による環境権侵害や、財産権、政治活動の自由侵害等が継続して発生している。

また、1995年9月の米兵による少女暴行事件の際に、当時の大田知事が述べたように軍事性暴力によってまさに根源的な人間の尊厳が、平時において脅かされつづけている（大田、2000年、180頁）。軍事性暴力の発生は、基地被害の中でも個人の尊厳を脅かすものとして重大である。秋林こずえは、「ジェンダー暴力が内在している軍隊と隣り合わせの生活を『安全保障』のためだからとマジョリティから強いられ、暴力の被害にあってもその救済を法が阻んでいる。あるいは救済する法があったとしても、沖縄のような小さな地域に対する恣意的な運用が、やはり被害者の救済を阻む」（秋林、2015年、160頁）として、日米地位協定の問題性が琉球/沖縄に押し寄せていることを指摘する。

平和主義と日米安保条約の矛盾に基づく、基地の集中が招く被害を明らかにすることによって、憲法9条だけではない具体的な人権や尊厳を脅かす軍事基地の問題性が明らかになる。

③地方自治

また辺野古新基地建設問題は地方自治の問題だと琉球／沖縄からは指摘されている。小林武は、「特定地域に負担を集中させるような法律については住民投票が不可欠である」（小林、２０１６年、１４８頁）と述べる。憲法の規定に照らした正当な指摘である。

しかし、そもそも辺野古新基地建設の問題を憲法95条の地方特別法制定に関わる事案だと考える国会議員がどれだけいるのかと考えると、残念なことに実現は容易ではない。これまで当然のように琉球／沖縄に置いてきた米軍基地を、さらに新たに建設するからといって、それを「負担を集中させ」るものだと捉える視点を、国会議員らは持っているだろうか。琉球／沖縄への米軍基地の集中は政策的に意図的になされている。地方特別法に関わる住民投票手続きをとるためには、日本本土の人々の意識の変革が必要であり、そのような意識を反映した国会における代表者の動きを要する。憲法における地方自治規定に基づいて、琉球／沖縄の過重負担に対する解決を図ろうとすることも容易ではない。

④明治憲法とのつながり

琉球／沖縄に対する憲法不適用状態は、明治憲法下の植民地統治制度に対する明治憲法の解釈・適用の影響が継続しているのでないかと思われる。

明治憲法にも、植民地についての規定はなかった。笹川紀勝によれば、現実の植民地制度に即した憲法解釈を示していた美濃部達吉は、国家の最高機関である天皇の大権は、領土の全部に植民地も含めて及ぶが、統治の方法や臣民の権利義務は、一律に及ぶわけではなく、植民地を「内地」と区別し、「内地」とは異なる法制度の下で支配することができると解説していたとする（笹川、１９９５年、81頁）。笹川は、天皇の大権は、憲法以前にすでに「円満無制限の権力として存在」しており、憲法によって制限を加えているだけであるから、憲法の適用がない植民地に対しては、天皇の統治大権は無制限であり、「植民地統治を制限するものは、天皇の統治大権の自己抑制以外にな」かったと指摘する（笹川、１９９５年、81頁）。

そうであるからこそ、現行憲法施行後であるにもかかわらず、天皇メッセージの中で、無自覚にも琉球諸島の米国による軍事占領に言及できたのではないだろうか。１９４７年９月に発せられた昭和天皇による天皇メッセージには、日本の主権を残したままで、琉球諸島の米国による軍事占領を望むと記されている。

昭和天皇は、琉球／沖縄の軍事占領が日米双方にとって利益があるとの立場であった。当時の天皇はすでに日本国憲法に基づく象徴であり、政治的な発言をする地位にはなかったが、昭和天皇のメッセージどおり、沖縄に対する軍事占領は、琉球／沖縄の日本「復帰」

まで継続する。

現行憲法の中にも、琉球諸島やアイヌ、在日朝鮮韓国人といった植民地支配の下に日本国内で少数民族として存在する者たちに対する規定はない。具体的な運用の中で、琉球／沖縄、琉球／沖縄の人々に憲法が適用されることも期待されるが、現実には、日本の多数者意思の下、琉球／沖縄、琉球／沖縄の人々には、十分に憲法が適用されておらず、しかも不利な状況が多数派には見えていない。

琉球／沖縄は、その選挙区から代表者も出している。衆議院議員選挙の小選挙区では、琉球／沖縄から4名の代表者を、参議院議員選挙の選挙区選挙で2名の代表者を選出することができる。しかし、衆議院では465議席中の4名（九州比例区から若干加わることもある）であり、参議院では245議席中の2名にすぎない。琉球／沖縄の人口は144万人にすぎず、日本全体において圧倒的に少数者だ。代表者を出せたとしても、琉球／沖縄からのごく少ない代表者が、琉球／沖縄に過度に集中する日米安保条約から派生する不利益について訴えたとしても、日本の政治を動かすには限界があり、琉球／沖縄の政治的意思が日本の政治に反映される可能性は著しく低い。明らかに辺野古新基地建設の賛否が争点となった選挙において政府の推す候補者が敗北してもなお、建設を強行しつづけることができているのであり、司法もまた多数派に則した判決を出している状況がある。

上村英明は、憲法学が植民地について十分に議論していないことについて、「憲法学者たちは、日本で異民族が無視される理由を『国民』中に占める数の問題だとし、同時に『法の下の平等』原則の関係性だけで議論していることが特徴的」だとし、「一般国民との『差別』がなく、数が少なければ問題ないとするもので、先住民族の固有の歴史や文化、そこから出てくる固有の権利要求に向き合おうとしないばかりか想定すらしようとしない」と指摘する。

そして「先住民の問題は、制度を運用するうえでの多数決原理の暴力であると同時にその状況を作り上げた植民地主義と植民地責任に関する無関心という脱植民地化の問題でもあるという点がすっぽり抜け落ちている」と批判する（上村、２０１８年、29頁）。

琉球／沖縄に対する憲法不適用状態から脱するには、根本的な問題として植民地主義に目を向け、平等原則との関わりだけではない諸点において、憲法が適用されていない現実を直視する必要がある。

2　沖縄人内部の葛藤——内なる「日本人」との闘い

知念秀記・宮里護佐丸（琉球弧の先住民族会代表）は、先住民族に関する記述の中で、琉球／沖縄の側から植民地主義を問いにくい状況を次のように指摘する。長い植民地支配では、被支配者の側に同化政策があまりにも内在化し認識しづらくなっている。また、琉球／沖縄においては、米軍基地問題があまりにも過酷であるために、基地問題の根底にある植民地の問題にまで手が回らないという現実がある。さらには、日本人との関係が深くなっているために、日本人に遠慮して主張できないということもある（知念・宮里、２００４年、60－62頁）。

親川志奈子（OKINAWAN STUDIES 107 共同代表）は、基地の「県外移設」に関連して、「被抑圧者として生まれ育った私たちの体の中に住む『内なる日本人』は、私たちを監視し、支配し、ヤマトンチュが不快に感じる言説、つまり『県外移設』を排除することで、彼らにとって心地よい沖縄を創造していく」と、琉球人／沖縄人自身が、自己統制をしていると指摘する（親川、２０１７年、１２６頁）。また、長い植民地支配の中で、「祖先の言葉を放棄し、日本語を話し、日本の教育を受け文化的価値を身に付けることで『日本人』となったわたしたち琉球人は多かれ少なかれ自らの身体に植民地エリートを内在化」しており、植民者の植民地支配を助ける被植民者としての植民地エリートと、その者たちを容認する「内なる日本人」に向き合うことが必要だという（親川、２０１６年、58－59頁）。

内在化された植民地エリートについて考えるのに最適な事例がある。沖縄本島南部に位置する豊見城市の市議会は、２０１５年に「国連各委員会の『沖縄県民は日本の先住民族』という認識を改め、勧告の撤回を求める意見書」を採択した。それは次のような内容である。

私たち沖縄県民は米軍統治下の時代でも常に日本人としての自覚を維持しており、祖国復帰を強く願い続け、1972年（昭和47年）5月15日祖国復帰を果たした。そしてその後も他府県の国民と全く同じく日本人としての平和と幸福を享受し続けている。それにもかかわらず、先住民の権利を主張すると、全国から沖縄県民は日本人ではないマイノリティーとみなされることになり、逆に差別を呼びこむことになる。私たちは沖縄戦において祖国日本・郷土沖縄を命がけで日本人として守り抜いた先人の思いを決して忘れてはならない。沖縄県民は日本人であり、決して先住民族ではない。

この豊見城市議会の意見書に対して、親川は「痛々しいまでの言葉で宗主国への忠誠を誓う琉球人の姿」と述べ、しかし「植民地エリートの存在とは琉球が日本の植民地であることの証明でもある」という（親川、2016年、59頁）。琉球／沖縄差別の背後にある植民地主義を議論するには、琉球／沖縄の側は、自らに内在してきた「日本人」と向き合わねばならないだろう。

かつて琉球／沖縄は「復帰」を強く望んだ。沖縄県祖国復帰協議会会長であった喜屋武真栄は、琉球人／沖縄人が、日本政府に「犠牲と差別をしいられてきていることに憤り」

を覚えると述べながら、「復帰」について「祖国復帰への願望は、名実ともに日本国民としての主権を回復したいという民族的欲求であり、……戦争の犠牲には再びなりたくないと願う平和的要求」だと述べた。米国の異民族支配の下で軍事優先の支配から脱却して「真に日本国民としての人権を保障されたいと心から願う人権的要求」である。琉球人／沖縄人も日本人であることを前提として、米軍統治を日本国の恥だとし、日本国民に対して、「日本の民族の真の独立と平和のために立ち上がる」こと、「国民一人一人が自主的、主体的に、沖縄問題を捉え、行動に移すこと」を求める（喜屋武、1968年、19－20頁）。

喜屋武は、米軍による支配を「生命も財産も、自由も自治も民主主義も抑圧され、否定されねばならないという世界に類例のない支配」とし、「日本人としての人権を保障されたいと願う人権的要求」（喜屋武、1968年、20頁）から、復帰を求めると述べた。

しかし、「復帰」は、琉球／沖縄が望んだ状況をつくり出さなかった。依然として、琉球／沖縄では軍事優先の米軍支配が続き、生命、財産、自由、自治、民主主義が保障されているとはいい難く、しかも、日本政府はその状況を黙認あるいは積極的に維持しているといえる。

喜屋武は、日本を「祖国」、日本人を「同胞」と呼び、琉球／沖縄の「復帰」がなければ日本人や日本全体の「屈辱」だと述べた（喜屋武、1968年、20頁）。しかし、現在の日本は、琉球／沖縄が置かれている状況を「屈辱」と感じるどころか、継続して琉球／沖縄に米軍基地を押しつけつづけ、軍事支配を継続させようとしている。しかも、辺野古新基地建設に多くの沖縄県民が反対するなか、たとえば仲井眞弘多元沖縄県知事のように率先して埋め立て承認を行い、日本政府の利益を実現しようとする植民地エリート化した政治家が、琉球／沖縄の側の自立を妨げようとさえしている。

長く続いている植民地支配は、日本本土の人々の中に植民地主義に基づく差別意識を残し、沖縄の人々の中にも乗り越えなければならない従属精神を植えつけているのではないだろうか。

おわりに

以上、「沖縄問題」にまつわる差別的な状況について、米軍基地の偏在や、自衛隊の新設・増強、憲法不適用状態、日本本土の人々の中にある植民地主義的な意識、琉球／沖縄の人々の中に内在化した被植民者意識について検討し、「沖縄問題」の根底にあるものを考えてきた。

最近では、琉球／沖縄の側からは独立についての研究・活動や自己決定権の主張がなされるようになり、日本本土の側でも、沖縄の基地を日本本土に引き取ることを主張する基地引き取り運動が展開されるなど、日本と沖縄との関係性を見直す動きが双方でみられる。しかし、琉球／沖縄の抵抗を抑圧するような日本政府の基地政策に変化はなく、状況は悪化すらしている。

乗松は、日本が琉球／沖縄に対して担う植民地責任について、17世紀初頭の侵攻以来の同化政策まで遡り、「復帰」以降も現在まで続く「日米が過重に押し付ける基地に起因する犯罪、継続する植民地主義によるヘイトスピーチなどの差別行為すべて」だと述べる。そしてこれらに対して、「法的、政治的、社会的方法で裁き、償い、現行の罪はやめさせていくたゆまぬ努力」と同時に「われわれ一人ひとりが目を向けたくない植民地主義の罪と責任に敢えて目を向けて取り組んでいかなければいけない」として、日本人としての自らの責任に言及する（乗松、2018年、106頁）。

植民地主義を清算できていないのは、憲法も同様である。そのために明治憲法における植民地の扱いが継続するかのような現状があり、憲法の中に琉球／沖縄のようなマイノリティ植民地に対する配慮がなく、具体的な適用において差別的状況が生じている。

「構造的沖縄差別」の根底にあるものを考えるとき、それはやはり日本の琉球／沖縄に対する植民地主義がある。植民地主義の問題を直視することが、憲法と日米安保体制の矛盾や、法的なあるいは事実上の琉球／沖縄に対する差別など、見ないふりをしてきた事柄を発見することにつながる。そして日本の長年の植民地主義のために見えづらくなっていた差別の原因が明らかになり、琉球／沖縄の側の地位の回復、権利回復につながると考える。日本国憲法の下に「復帰」してもなお実現されない平和、人権、自立を渇望する琉球／沖縄に起こっている現状を理解し植民地主義を考えることは、同時に日本自体の植民地主義からの自立、清算を考えることではないだろうか。

註

1 駐留軍用地特別措置法および土地収用法に基づいて使用・収用されてきた米軍基地について、使用期限満了が迫りながら、所有者から合意が得られない土地について、国が強制使用手続きを始めた。その手続きの一環として国は、大田昌秀沖縄県知事に署名代行をさせようとしたが、知事はこれを拒否する意向を示した。
　そのため、内閣総理大臣は知事に対して、地方自治法に基づいて署名等の代行事務の勧告、それに続く職務命令を発したが、知事が拒否したため、内閣総理大臣が沖縄県知事に対して、署名等代行事務の執行を命ずる裁判を提起した。この訴訟を代理署名訴訟という（最高裁1996年8月28日大法廷判決、民集50巻7号、1952頁、判例時報1577号、26頁）。

2 琉球／沖縄に対する差別的状況について、新崎盛暉は「構造的差別」と表現するが植民地主義とは述べない。

3 2023年3月、石垣駐屯地八重山警備隊は開所した。

4 最近の憲法学のテキストでは、アイヌ民族や在日朝鮮韓国人についての記述も多く、先住民族や異民族に対する差別の問題に積極的だといえる。

参考文献

秋林こずえ（2015年）「法による暴力と人権の侵害」、島袋純・阿部浩己責任編集『沖縄が問う日本の安全保障』岩波書店。

芦部信喜（2015年）『憲法（第六版）』（高橋和之補訂）岩波書店。

新崎盛暉（2017年）「日本にとって沖縄とは何か」、『環境と公害』第46巻3号。

伊藤正己（2007年）『憲法（第三版）』弘文堂。

上村英明（2018年）「多元主義から見る日本国憲法の相対的意義――先住民族の視点から近代日本の基本法を考える」、『恵泉女学園大学紀要』第30号。

江橋崇（1991年）「先住民族の権利と日本国憲法」、樋口陽一・野中俊彦編集代表『憲法学の展望――小林直樹先生古稀祝賀』有斐閣。

大田昌秀（1990年）「(インタビュー）沖縄・第三の転機」、『世界』第544号。

大田昌秀（2000年）『沖縄の決断』朝日新聞社。

親川志奈子（2016年）「脱植民地化に向けた『内なる日本人』との闘い」、『「時の眼――沖縄」批評誌 N27』第7号。

親川志奈子（2017年）「普天間基地の県外移設論と引き取り運動」、『「時の眼――沖縄」批評誌 N27』第8号。

小林武（2016年）『ようこそ日本国憲法へ（第3版）』法学書院。

小林直樹（1980年）『新版　憲法講義（上）』東京大学出版会。

喜屋武真栄（1968年）「沖縄からの訴え」、『法律時報』臨時増刊第40巻4号（通巻467号）。

笹川紀勝（1995年）「植民地支配の正当化の問題――立憲主義の二つの側面」、『法律時報』67巻3号（通巻824号）。

高良鉄美（1997年）『沖縄から見た平和憲法――万人が主役』未來社。

知念秀記・宮里護佐丸（2004年）「沖縄にとっての先住民族の一〇年」、上村英明監修、藤岡美恵子・中野憲志編『グローバル時代の先住民族――「先住民族の一〇年」とは何だったのか』法律文化社。

乗松聡子（2018年）「自ら植民地主義に向き合うこと――カナダから、沖縄へ」木村朗・前田朗共編『ヘイト・クライムと植民地主義――反差別と自己決定権のために』三一書房。

宮沢俊義（1994年）『憲法Ⅱ――基本的人権（新版）』有斐閣。

日米の沖縄軍事要塞化について考える

1　はじめに

私は、「復帰」の後の生まれです。今から10年前の「復帰」40年のとき、先輩たちが一様に「復帰してよかった」とおっしゃるので、とても不思議でした。こんなに基地があって騒音や辺野古などの問題があるのに、「復帰」して一体何がよかったのだろうと思っていました。この10年間、その疑問を解消することができず、悩みつづけてきました。先輩方のお話をいろいろ聞いていくなかで、米軍占領下で人権が蹂躙されるなか、「復帰」によって平和憲法を獲得し基本的人権の保障を得ることが重要な要素だったのだということは理解できるようになりました。

今日は、まず1971年に琉球政府が、「日本復帰」に際して沖縄県の声を日本政府と返還協定批准国会（沖縄国会）に伝えるために作成した「復帰措置に関する建議書」から、沖縄が当時要求した事柄についてふり返ってみたいと思います。そのうえで沖縄を舞台に進んでいる軍事要塞化の現状を確認し、再び沖縄を戦場にしないという認識の共有をしたいと思います。

2　建議書の要求と実際

(1)「復帰措置に関する建議書」前文（はじめに）で述べられていること

「復帰措置に関する建議書」前文（※文末に資料として掲載）の印象的な点を挙げてみたいと思います。

・「復帰」の心情：「国の平和憲法の下で基本的人権の保障を願望していた」。
・望んでいること：「従来通りの基地の島としてではなく、基地のない平和の島としての復帰」を強く望んでいる。
・（米軍）基地は、「整理なり縮小なりの処理をして返すべき」だが、返還協定は「基地を固定化するものであり、県民の意志が十分に取り入れられていない」。
・「自衛隊の沖縄配備については、絶対多数が反対を表明して」いる。
・県民は「世界の絶対平和を希求し、戦争につながる一切のものを否定」しているにもかかわらず、「復帰」は「基地の現状を堅持し、さらに、自衛隊の配備が前提」→「県民意志と大きくくい違い、国益の名においてしわ寄せされる沖縄基地の実態」
・「核抜き本土並み返還」については、毒ガス撤去に2年以上かかった経験から、「疑惑と不安」を持っている。撤去の事実はどのように検証するのか。
・核基地が撤去されたとしても、返還後も「沖縄における米軍基地の規模、機能、密度は本土とはとうてい比較にならない」。
・「安保が沖縄の安全にとって役立つと言うより、危険だとする評価が圧倒的に高い」。
「安保の堅持を前提とする復帰構想と多数の県民意志とはかみ合って」いない。
・「安保は沖縄基地を『要石』として必要とする」。
・「沖縄は余りにも国家権力や基地権力の犠牲となり手段となって利用され過ぎてきました。復帰という歴史の一大転換期にあたって、このような地位からも沖縄は脱却していかなければなりません」。

広く言われていますように、「基地のない平和な島としての復帰」の要求は、50年経った現在もまったく実現されていません。また、沖縄が「余りにも国家権力や基地権力の犠牲となり手段となって利用され過ぎて」きたとの表現を、とても痛切な言葉だと読みました。

一方、今の沖縄の状況とはかけ離れていると思った点もありました。自衛隊と日米安保に対する認識です。去る（2022年）5月11日の『沖縄タイムス』に掲載された県民アンケート「復帰50年・県民意識調査」では、8割ぐらいの人が自衛隊を肯定しているという結果が出ていました。「復帰」当時の「絶対多数が反対」とかなり異なります。50年も日本の教育体系の中で過ごし、沖縄が歩んできた歴史というよりも日本全体の歴史を学んで生きてきたために、沖縄の人々が戦時中に旧日本軍から受けた被害などの記憶が薄れてきている現状があるかもしれません。また、同アンケートによると、日米安保肯定の人は沖縄でも5割を超えています。日本全体だと8割を超えているようですが、沖縄の人も、これだけ重い基地負担を負いながら日米安保を肯定していく状況になっています。

そして「建議書」は新生沖縄像について次のように述べます。

何よりも県民の福祉を最優先に考える基本原則に立って、（1）地方自治の確立、（2）反戦平和の理念をつらぬく、（3）基本的人権の確立、（4）県民本位の経済開発等を骨組みとする新生沖縄の像を描いております。

この中の（1）の「地方自治」についてですが、日本国憲法上ではとても重視されているものの、沖縄も含め全国的にも十分実現されていないと思います。（2）の「反戦平和の理念」は、現在でも残っているかもしれませんが、非軍事による平和なのかどうかという点が変遷してしまっているように思います。（3）の「基本的人権の確立」については、日本国憲法の下で一定程度、基本的人権も保障されてきただろうと思いますが、しかし、後半に述べますが、土地規制法などができて、沖縄の人たちの民主的な活動に対して、規制が及んでくる状況が生まれてきています。（4）の「県民本位の経済開発等」の要求についてですが、未だに基地によって経済が圧迫を受けるという状況は変わっていません。

大変重要な建議書だったにもかかわらず、みなさんご存じのとおり沖縄国会の前に渡すことができませんでした。私はそのときに立ち会っていないのでわかりませんが、強行採決だったわけですから、わざと受けとらなかったのかもしれません。でもその後に手渡してはいるわけです。しかしながら50年間ずっと実現されていない。着手されてもいない。読まれてもいないのではないかというのが現状です。

このような要求をしたにもかかわらず、米軍基地の負担は非常に重いままで、そして自衛隊の負担も重くなっていくという現状を目の当たりにしたときに、「復帰してよかった」

というのはどういう意味合いなのか。「復帰」40年のときもそうでしたが、50年の今も私にとってはまだ消化できない問題としてありつづけています。

（2）「琉球諸島及び大東諸島に関する日本国とアメリカ合衆国との間の協定」（1971年6月17日調印）

「復帰措置に関する建議書」は、沖縄返還協定に対する沖縄からの要求として出されました。その返還協定の理不尽な部分を挙げます。

・「両政府がこの協議を行い」

私は、この点に強い違和感を持ちました。そこに琉球／沖縄は入っていません。琉球／沖縄の私たちはどうするのか、私たちの土地をどうするか、という話なのに、両政府が勝手に話し合って私たちの行く末を決めてしまうという、沖縄が軽んじられた協定自体に強い違和感を覚えました。この問題は、沖縄が国家としての主権を奪われた歴史とつながっていくのかもしれません。

・日米安保条約は「この協定の効力発生の日から琉球諸島および大東諸島に適用される」（第2条）

沖縄が「復帰建議書」で望んでいた「基地のない平和な島」「平和憲法への『復帰』」という要求と乖離しています。

・第3条1項は、日本政府は、日米安保条約に基づき「この協定の効力発生の日に、アメリカ合衆国に対し琉球諸島及び大東諸島における施設および区域の使用を許す」としています。

沖縄を地上戦で使い、その後は米軍施政権下に放置しておきながら、戻ってきたら「使用を許す」というのは、ものすごい力関係だと感じます。沖縄がそのような扱いを受ける不平等な「復帰」だったということが思い起こされます。

（3）自衛隊の配備

沖縄から出された「建議書」では、自衛隊配備への反対の意思が表明されていました。

しかし、日本に「復帰」することによって、１９５４年にすでに発足していた自衛隊も配備されることになりました。那覇基地も、宮古の航空自衛隊も１９７２年に配備されました。その自衛隊が現在強化される状況にありますので、その点についてもお話ししたいと思います。

沖縄は平和憲法への「復帰」を強く望んでいたわけですが、１９７２年は、すでに日本が再軍備した後です。私は日本国憲法そのものはとてもいい憲法だと思いますが、その憲法が定めている平和主義を実現したのはたった3年間でした。日本はその後だんだんと再軍備し、沖縄が「復帰」するころには、もう日米安保条約体制と平和憲法体制という二つの矛盾する体制が併存する非常にいびつな姿になっていました。そのような日本に沖縄は「復帰」したわけですから、「建議書」で望んでいるような事柄を十分に達成するのは難しい状況でした。

さらに昨今では集団的自衛権の行使も法律上可能になり、軍備強化が非常に進んで日米の軍事的な連帯も強化されています。

3　沖縄の軍事要塞化

(1) 平和安全法制(安保法制)後の憲法解釈

日本の『防衛白書』を見ると、安保法制が制定(2015年)され、集団的自衛権の行使が容認されても、まだ専守防衛が一応堅持されていることがわかります(以下、2021年版より)。

- 専守防衛の維持:「自衛のための必要最小限度」「憲法の精神に則った受動的な防衛戦略」(168頁)
- 「他国に脅威を与えるような強大な軍事力を保持しない」(168頁)
- 憲法9条のもとで許される自衛の措置として、憲法9条は一見すると武力行使を「一切禁じているように見えるが」、平和的生存権(前文)と13条の「生命、自由、幸福追求権」の趣旨を踏まえて解釈し、「必要な自衛の措置を採ることを禁じているとは到底解されない」(166、167頁)
- 「他国に対して発生する武力攻撃であったとしても、その目的、規模、態様などによっては、わが国の存立を脅かすことも現実に起こり得る」ため、集団的自衛権も必要最小限度の範囲に入るとしています(167頁)。

政府は、「必要最低限度」の実力行使は許されるという立場をとっており、自衛隊が武器を増強することや、集団的自衛権の行使も必要最低限度の範囲に入るとし、専守防衛の枠の中で集団的自衛権の行使も許されるというのが今の考えです。ただ、集団的自衛権の行使とは、他国と共同してどこかの戦争に日本が関わっていくことなので、日本が攻撃されるから防ぐ、というような単純に想像されるような専守防衛ではなく、日本から自衛隊が国外に出ていく可能性も高いですし、他の国の軍隊との共同・協働も想定されています。そうなると、他国の軍隊を助けに行っても役に立たないと意味がないわけですから、当然ではありますが、自衛隊はそのための訓練をしなければならないということになります。実際、集団的自衛権の行使容認以降は、次のように米軍や他の国の軍隊と軍事訓練が継続されています。

（2）集団的自衛権を前提とした訓練や実働

・2017年7月に米艦艇の防護に関する実働訓練を行って以降、集団的自衛権行使を目的とした訓練を継続的に、複数回実施。

・2017年7・8月、他国間共同訓練。国外で初めての「宿営地の共同防護」「駆けつけ警護」国連平和維持活動に関する訓練。
・２０１８・２０１９年も他国間共同訓練への参加、在外邦人保護に関する訓練など、複数回実施。
・２０２０年には、米軍の艦艇に対する武器等の防護、共同訓練の際の航空機防護を複数回実施。

このように集団的自衛権の行使が容認されたうえで活動する軍隊・自衛隊が沖縄にも配備をされているし、現在、与那国や石垣、宮古でも建設され増強されているわけです。

(3) 日本による沖縄の軍事要塞化

今、沖縄でも多くの人が自衛隊を容認して、那覇市議会でも感謝決議が可決されてもいます。「災害派遣でがんばってくれている」と、人々の自衛隊に対する気持ちがだんだんと変化していますし、そう変化するように自衛隊も宣伝してきたわけです。これまでの「集団的自衛権の行使をしない自衛隊」では任務が非常に限られていたために、災害派遣などもやらなければいけなかったのです。しかしこれからは戦争に注力することが一番の役割になってきますので、災害派遣には手がまわらなくなっていくのではないかとの予測もあります。

現在、次のように、沖縄では自衛隊配備強化が進められています。

・空自は、２０１６（平成28）年1月に第9航空団を新編（那覇基地）。２０１７（平成29）年7月に南西航空方面隊を新編（那覇基地）。

・陸自は、２０１６（平成28）年3月に与那国沿岸監視隊を新編。配備後の２０１９年5月に、部隊の駐屯地に弾薬庫が整備されていたことが判明。

・宮古島：宮古島上野野原駐屯地、陸自宮古警備隊への隊旗授与式（２０２０年4月7日。3月26日に発足）。２０２１年4月、保良《ぼら》地区の「保良訓練場」の弾薬庫の一部共用開始。住民の反対を押し切る形で弾薬を配備。

・石垣島：平得大俣、２０１９年3月に工事を開始し、２０２２年度完了する予定。反対運動は継続しており、弾薬庫配備等についての説明は十分なされていない。初動を担う警備部隊を配置する予定。ミサイル部隊の配備を計画。

・沖縄島：勝連分屯地、２０２３年地対艦ミサイル部隊配備を計画。勝連が南西諸島の四つの地対艦ミサイル中隊（奄美、沖縄島、宮古、石垣）を指揮統制する役割を担う予定。

私はこの間、与那国、石垣、宮古などの島々に自衛隊が配備されていくことに対して非常に憤っていたのですが、配備地が沖縄島ではないということや、「オール沖縄」体制の中では反対しにくいということがあるのか、沖縄全体として自衛隊問題は十分に検討されてきませんでした。辺野古問題は重要なことではありますが、その問題ばかり一生懸命に取り組んできた影で、米軍と協働する自衛隊がこれだけ強化され、ミサイル基地が配備されてしまいました。沖縄島の側からは島々の反対運動への協力が難しく、沖縄の知事や政治家もこの問題を十分に扱ってこれませんでした。

宮古島の上野野原では、住民が住んでいる地域のどまん中に基地が造られてしまいました。基地との向かい側で、道を挟んで畑をしている状況です。目の前でミサイル訓練などが行われています。保良でも一部工事が終わっていませんが供与が開始されていて、集落のすぐ近くに弾薬が配備されています。

石垣島の平得でも、住民が日常的に利用している県道87号線のすぐそばに弾薬庫が造られています。すぐ近くには畑や家や公民館、学校もあり、子どもたちの通学路もあります。このように、基地が粛々と造られているのですが、どれだけ島々の情報を共有できてきたかも反省しなければいけないと思います。

現在、自衛隊のミサイル基地が奄美以南の琉球弧で非常に強化されています。沖縄の人からも「自衛隊だからいいよね」「自国の軍隊」という声をよく聞きますが、もしかすると、琉球弧だからこそミサイル基地を配置しているかもしれません。「自国の軍隊だから大丈夫」という定義が当てはまるのか、というところも考えなくてはいけません。

（4）台湾有事

最近、沖縄の人たちの中には「台湾有事」を不安に思って沖縄の軍事化に賛同している人が増えているようにも見受けられます。自衛隊と米軍が、台湾有事を想定した新たな日米共同作戦計画の原案を策定しているとの報道もあります。それによると、「有事の初動段階で、米海兵隊が鹿児島から沖縄の南西諸島に、自衛隊の支援を受けながら臨時の攻撃用軍事拠点を置く計画」が立てられているというのです。ですから、もし米軍が縮小されたとしても、自衛隊基地がこれだけ増強されていれば、沖縄が戦場になる可能性が当然出てきますし、すでにそれを想定した演習も行われています。

２０２１年11月19日から30日に行われた自衛隊の統合演習で、主戦場に想定されたのは沖縄でした。自衛隊員３万人が動員されましたが、本来自衛隊単独で行う演習に、米軍５８００人も参加しています。宮古島では地対艦ミサイル部隊がシミュレーションによる射撃訓練を行いました。米海軍と連携して敵艦艇を攻撃する訓練がなされています。沖大東島では、自衛隊の水陸機動団と米海兵隊の日米共同の敵前上陸訓練が行われました。鹿児島港から石垣、与那国への隊員の輸送訓練なども実施されています。

当たり前のことではあるのですが、この自衛隊と米軍が一緒に行った統合演習の中に

「住民保護」の項目はありませんでした。そもそも、政府は、住民保護は自衛隊ではなく自治体の役割だという立場をとっています（半田滋『台湾有事で踏み越える専守防衛』立憲フォーラム、２０２２年）。

しかし、そのことを沖縄の私たちは十分に認識していないのか、自衛隊強化を望む意見が多くなっています。先ほど触れましたが、県民アンケートによると、「自衛隊の今後」について、「強化する」が33％、「現状でいく」が50％となり、合わせて８割を超えています。台湾有事への不安やロシアとウクライナとの戦争などが影響しているかもしれませんが、「自衛隊の南西地域での強化」も57％が「良い」と回答しています（『沖縄タイムス』２０２２年５月11日付）。

また、２０１９年の県民投票では、７割の県民が辺野古新基地建設に反対しているという結果がありましたが、この県民アンケートの「沖縄の米軍基地は日本の安全保障にとって、どの程度必要か」では、「大いに必要」「ある程度必要」が合わせて69％です（同上）。これをどう理解したらいいのでしょうか。辺野古は駄目だけれども、嘉手納基地などの現状の基地はいいということなのでしょうか。私には、その理解がなかなか難しい。辺野古の問題だけではなく、沖縄の軍事化の問題を広く考えていかないと危ういのではないかと思っています。

なお、市町村長アンケートでも「自衛隊憲法明記」について、41市町村長の中で16名の首長が賛成してしまっています（『琉球新報』２０２２年５月３日付）。自衛隊の何を見ているのだろう。軍隊として頼ろうと思っているのでしょうか。

もう何年も前から、政府は、自衛隊施設と米軍施設の共同使用を進めていくという方針を出していましたが、台湾有事に際してこの危険が非常に高まっています。しかし、台湾有事は即日本有事ではありません。そして台湾有事を起こさせないことが重要です。もし台湾有事が起こってしまい、沖縄に配備されているミサイル基地から攻撃が行われた場合、自衛隊は私たちを守ってくれません。どうやって逃げるのかという現実的な問題があります。「私たちの土地を戦場に使ってください。私たちはみんなで逃げます」となりますか？ならないですよね。自分たちの土地が戦場になるということは、私たちの命も危ないけれども、そもそも、私たちの土地そのものが戦場として奪われてしまうという危険も含んでいます。そのことを踏まえて自衛隊や米軍のことを考えていかなくてはいけません。

（５）土地規制法との関係

２０２１年６月16日に可決・成立した土地規制法についてもお話ししたいと思います。同法は、自衛隊基地等の重要施設周辺１キロや国境離島を「注視区域」として、政府が土地や建物の所有者の氏名、住所、利用実態などを調べることができるとしています。特に重要な施設については、その周辺を「特別注視区域」とし、一定の面積以上の土地や建物の売買には、事前の届出が必要としています。

例えば、畑の目の前に自衛隊基地ができて、そこが「注視区域」になってしまい、普通に生活している人たちのプライバシーが監視されるという状況が起ころうとしています。すでに、基地に反対している住民の中には、名前などを監視・記録されているのではないかと恐怖を感じている人もいます。

「機能を阻害する行為」を行った場合には、刑事罰の可能性もあるという法律です。2022年9月に全面施行が予定されていますが、刑罰の対象となる機能阻害行為は未だ不明確です。ただし、その法律の中身の議論の中で、日米軍に対する監視活動、反対運動などが規制の対象となる可能性が指摘されています。民主主義的な手法で軍事主義に対抗しようとする沖縄の人たちの活動は、日本国憲法の基本的人権の中で認められているはずですが、日本が軍事化を進めていくなかで人権が抑えられようとしています。

4　まとめ

日本は、1950年の警察予備隊設置による再軍備開始から、特に1954年の自衛隊設置以降は、解釈改憲をすることで、日本国憲法のもとでも軍備を増強してきました。沖縄が日本に「復帰」したときには、すでに憲法9条を維持しながら日米安保条約のもとで、軍事による安全保障がとられ現在も軍事化が進んでいます。

沖縄の日本「復帰」後は、大半の米軍を沖縄に置くことによって、憲法9条を維持し、日本本土では米軍の違憲性を見えづらくしながら、日米安保体制が維持されてきました。しかし、相互の防衛を前提とする日米安保は、日本独自の軍備増強も必要とし、憲法9条の限界を超えると考えられるほどの自衛隊の増強が進められ、現在は、「敵基地攻撃能力」(反撃能力)や「核共有」の議論までなされ始めています。現状は、「基地のない平和な島」の実現にはほど遠く、沖縄は日米の軍事拠点として、台湾有事における日米の作戦行動計画(原案)においては、戦場として想定され、住民の命の保護をないがしろにした計画の主要な一部に組みこまれています。

これが沖縄の求めた「復帰」の姿でしょうか。「復帰」後も、憲法の下にありながら、差別や基地の偏在など、憲法が適用されない状態が続いています。そのうえ、憲法そのものが憲法の基本原理の限界を超えるような改正の危機にあるとともに秘密保護法、平和安全法制(安保法制)、土地規制法など下位法によっても崩されようとしています。

「復帰」後50年間、日本政府は「建議書」を無視してきました。「建議書」の実現を日本に求めていくこと、それに並行して、「基地のない平和な島」の前提となる日本国憲法9

条の実現までも求めていく道は、あまりにも険しいと言えます。

以上、時間になりましたので、私の話はここで終わりたいと思います。どうもありがとうございました。

＊　＊　＊

（資料）

「復帰措置に関する建議書」 昭和四十六（1971）年十一月　琉球政府より抜粋

琉球政府は、日本政府によって進められている沖縄の復帰措置について総合的に検討し、ここに次のとおり建議いたします。

これらの内容がすべて実現されるよう強く要請いたします。

昭和四十六年十一月十八日

琉球政府
行政主席　屋良朝苗

〔中略〕

一、はじめに

沖縄の祖国復帰はいよいよ目前に迫りました。その復帰への過程も、具体的には佐藤・

ニクソン共同声明に始まり、返還協定調印を経て、今やその承認と関係法案の制定のため開かれている第六七臨時国会、いわゆる沖縄国会の山場を迎えております。この国会は沖縄県民の命運を決定し、ひいてはわが国の将来を方向づけようとする重大な意義をもち、すでに国会においてはこの問題についてはげしい論戦が展開されております。

あの悲惨な戦争の結果、自らの意志に反し、本土から行政的に分離されながらも、一途に本土への復帰を求めつづけてきた沖縄百万県民は、この国会の成り行きを重大な関心をもって見守っております。顧みますと沖縄はその長い歴史の上でさまざまの運命を辿ってきました。戦前の平和の島沖縄は、その地理的へき地性とそれに加うるに沖縄に対する国民的な正しい理解の欠如等が重なり、終始政治的にも経済的にも恵まれない不利不運な下での生活を余儀なくされてきました。その上に戦争による苛酷の犠牲、十数万の尊い人命の損失、貴重なる文化遺産の壊滅、続く二十六年の苦渋に充ちた試練、思えば長い苦しい茨の道程でありました。これはまさに国民的十字架を一身にになって、国の敗戦の悲劇を象徴する姿ともいえましょう。その間大小さまざまの被害、公害や数限りのない痛ましい悲劇や事故に見舞われつつそしてあれにもこれにも消え去ることのできない多くの禍根〔ママ〕を残したまま復帰の歴史的転換期に突入しているのであります。

この重大な時機にあたり、私は復帰の主人公たる沖縄百万県民を代表し、本土政府ならびに国会に対し、県民の卒直な意思をつたえ、県民の心底から志向する復帰の実現を期しての県民の訴えをいたします。もちろん私はここまでにいたる佐藤総理はじめ関係首脳の熱意とご努力はこれを多とし、深甚なる敬意を表するものであります。

さて、アメリカは戦後二六年もの長い間沖縄に施政権を行使してきました。その間にアメリカは沖縄に極東の自由諸国の防衛という美名の下に、排他的かつ恣意的に膨大な基地を建設してきました。基地の中に沖縄があるという表現が実感であります。百万の県民は小さい島で、基地や核兵器や毒ガス兵器に囲まれて生活してきました。それのみでなく、異民族による軍事優先政策の下で、政治的諸権利がいちじるしく制限され、基本的人権すら侵害されてきたことは枚挙にいとまありません。県民が復帰を願った心情には、結局は国の平和憲法の下で基本的人権の保障を願望していたからに外なりません。経済面から見ても、平和経済の発展は大幅に立ちおくれ、沖縄の県民所得も本土の約六割であります。その他、このように基地あるがゆえに起るさまざまの被害公害や、とり返しのつかない多くの悲劇等を経験している県民は、復帰に当っては、やはり従来通りの基地の島としてではなく、基地のない平和の島としての復帰を強く望んでおります。

また、アメリカが施政権を行使したことによってつくり出した基地は、それを生み出した施政権が返還されるときには、完全でないまでもある程度の整理なり縮小なりの処理をして返すべきではないかと思います。

そのような観点から復帰を考えたとき、このたびの返還協定は基地を固定化するものであり、県民の意志が十分に取り入れられていないとして、大半の県民は協定に不満を表明しております。まず基地の機能についてみるに、段階的に解消を求める声と全面撤去を主張する声は基地反対の世論と見てよく、これら二つを合せるとおそらく八〇%以上の高率となります。

次に自衛隊の沖縄配備については、絶対多数が反対を表明しております。自衛隊の配備反対と言う世論は、やはり前述のように基地の島としての復帰を望まず、あくまでも基地のない平和の島としての復帰を強く望んでいることを示すものであります。

去る大戦において悲惨な目にあった県民は、世界の絶対平和を希求し、戦争につながる一切のものを否定しております。そのような県民感情からすると、基地に対する強い反対があることは極めて当然であります。しかるに、沖縄の復帰は基地の現状を堅持し、さらに、自衛隊の配備が前提となっているとのことであります。これは県民意志と大きくくい違い、国益の名においてしわ寄せされる沖縄基地の実態であります。

さて、極東の情勢は近来非常な変化を来たしつゝあります。世界の歴史の一大転換期を迎えていると言えましょう。近隣の超大国中華人民共和国が国連に加盟することになりました。アメリカと中国との接近も伝えられております。わが国も中国との国交樹立の声が高まりつつあります。好むと好まぬにかかわらず世界の歴史はその方向に大きく波打って動きつゝあります。

このような情勢の中で沖縄返還は実現されようとしているのであります。したがって、この返還は大きく胎動しつつあるアジア、否、世界史の潮流にブレーキになるような形のものであってはならないと思います。そのためには、沖縄基地の態様や自衛隊の配備については慎重再考の要があります。

次に、核抜き本土並み返還についてであります。この問題については度重なる国会の場で非常に頻繁に論議されておりますが、それにもかかわらず、県民の大半が、これを素直には納得せず、疑惑と不安をもっております。

核抜きについて最近米国首脳が復帰時には核兵器は撤去されていると証言しております。ところが、私どもはかつて毒ガスが撤去された経緯を知っております。

毒ガスでさえ、撤去されると公表されてから、二ヶ年以上も時日を要しております。毒ガスよりさらに難物と推定される未知の核兵器が現存するとすれば、果して後いくばくもない復帰時点までに撤去され得るでありましょうか。

疑惑と不安の解消は困難であるが、実際撤去されるとして、その事実はいかにして検証するか依然として不明のまま問題は残ります。

さらにまた、核基地が撤去されたとしても、返還後も沖縄における米軍基地の規模、機能、密度は本土とはとうてい比較にならないと言うことであります。

復帰後も現在の想定では沖縄における米軍基地密度は本土の基地密度の一五〇倍以上になります。なるほど、日米安保条約とそれに伴う地位協定が沖縄にも適用されるとは言え、より重要なことは、そうした形式の問題より、実質的な基地の内容であります。そうすると基地の整理縮小かあるいはその今後の態様の展望がはっきり示されない限りは本土並基地と言っても説得力をもち得るものではありません。前述の通り県民の絶対多数は基地に反対していることによってもそのことは明らかであります。

次に安保と沖縄基地についての世論では安保が沖縄の安全にとって役立つと言うより、危険だとする評価が圧倒的に高いのであります。この点についても、安保の堅持を前提とする復帰構想と多数の県民意志とはかみ合っておりません。県民はもともと基地に反対しております。

ところで安保は沖縄基地を「要石」として必要とするということであります。反対している基地を必要とする安保には必然的に反対せざるを得ないのであります。

次に、基地維持のために行なわれんとする公用地の強制収用五ヶ年間の期間にいたっては、これは県民の立場からは承服できるものではありません。沖縄だけに本土と異る特別立法をして、県民の意志に反して五ヶ年という長期にわたる土地の収用を強行する姿勢は、県民にとっては酷な措置であります。再考を促すものであります。

次に、復帰後のくらしについては、苦しくなるのではないかとの不安を訴えている者が世論では大半を占めております。さらにドルショックでその不安は急増しております。くらしに対する不安の解消なくしては復帰に伴って県民福祉の保障は不可能であります。生活不安の解消のためには基地経済から脱却し、この沖縄の地に今よりは安定し、今よりは豊かに、さらに希望のもてる新生沖縄を築きあげていかねばなりません。言うところの新生沖縄はその地域開発と言うも、経済開発と言うも、ただ単に経済次元の開発だけではなく、県民の真の福祉を至上の価値とし目的としてそれを創造し達成していく開発でなければなりません。従来の沖縄は余りにも国家権力や基地権力の犠牲となり手段となって利用され過ぎてきました。復帰という歴史の一大転換期にあたって、このような地位からも沖縄は脱却していかなければなりません。したがって政府におかれても、国会におかれてもそのような次元から沖縄問題をとらえて、返還協定や関連諸法案を慎重に検討していただくよう要請するものであります。

さて、沖縄県民は過去の苦難に充ちた歴史と貴重な体験から復帰にあたっては、まず何よりも県民の福祉を最優先に考える基本原則に立って、(1)地方自治権の確立、(2)反戦平和の理念をつらぬく、(3)基本的人権の確立、(4)県民本位の経済開発等を骨組とする新生沖縄の像を描いております。このようなことが結局は健全な国家をつくり出す原動力になると県民は固く信じているからであります。さらにまた復帰に当って返還軍用土地問題の取扱い、請求権の処理等は復帰処理事項の最も困難にしてかつ重要な課題であります。これらの解決についてもはっきりした責任態勢を確立しておく必要があります。

ところで、日米共同声明に基礎をおく沖縄の返還協定、そして沖縄の復帰準備として閣議決定されている復帰対策要綱の一部、国内関連法案等には前記のような県民の要求が十分反映されていない憾みがあります。そこで私は、沖縄問題の重大な段階において、将来の歴史に悔を残さないため、また歴史の証言者として、沖縄県民の要求や考え方等をここに集約し、県民を代表し、あえて建議するものであります。政府ならびに国会はこの沖縄県民の最終的な建議に謙虚に耳を傾けて、県民の中にある不満、不安、疑惑、意見、要求等を十分にくみ取ってもらいたいと思います。そして県民の立場に立って慎重に審議をつくし、論議を重ね民意に応えて最大最善の努力を払っていただき、党派的立場をこえて、たがいに重大なる責任をもち合って、真に沖縄県民の心に思いをいたし、県民はじめ大方の国民が納得してもらえる結論を導き出して復帰を実現させてもらうよう、ここに強く要請いたします。

〔後略〕

沖縄の女性の人権

（沖縄大学土曜教養講座「女たちの『復帰』五〇年」シンポジウムより）

【シンポジスト】
高里鈴代
高良沙哉
宮城公子（司会）

宮城　本日は、本学講座で2回にわたって開催する「女たちの『復帰』五〇年」企画の第一回として、「沖縄の女性の人権」という視点から、お二人に報告をいただきます。

高里鈴代さんは、東京や那覇で女性の相談業務にたずさわり、これまで女性の人権問題、特に性暴力の問題に取り組んでこられ、女性関連の賞なども受賞されています。辺野古の米軍基地建設反対の立場から、「オール沖縄会議」の共同代表をされ、1995年の少女暴行事件を受けて結成された「基地・軍隊を許さない行動する女たちの会」（以下「女たちの会」）でも共同代表でいらっしゃいます。今日はそうした活動や視点から、復帰以前から現在までの女性の人権問題や、性暴力に遭った方々の声を聴き届けようとなさってきた経緯を中心にお話をいただきます。髙良沙哉さんは、本学人文学部の教員で、憲法学、さらにジェンダー憲法学の研究者です。軍事性暴力や「慰安婦」研究を通して性暴力構造を問うご著書で学会賞を受賞されています。本日は復帰当時の屋良朝苗主席の「建議書」の検討や復帰後の憲法その他との沖縄や日本、米国の関わりに加え、そもそも復帰が何を、特に女性たちにもたらしたかという視点でも、お話ししていただく予定です。

＊

高里　今年は復帰50年ということで、さまざまなメディアの言及やシンポジウムなどもありますが、やはり女性のことにはあまり焦点が当たっていないように思います。今回この講座の依頼を受け、ぜひともという気持ちで参加しています。まずフォーカスを絞りたいのは、日米同盟関係から生じる構造的性暴力という点です。戦後77年、復帰50年目を迎えていますが、なぜ今までずっと米軍が駐留しつづけ得るのかを考察します。

「女たちの会」では、終戦前後からの米兵による沖縄の女性の性被害を年表化してきています。まさに沖縄上陸直後から、銃やナイフで脅し強姦する、2～6人の集団で襲い、他の兵士集団に渡す、かばおうとした警官等が殺傷され、収容所、畑、野戦病院、基地内、道路などでや、家族の面前から拉致してまで強姦、とあらゆる場所での性被害がありました。赤ん坊を負ぶった女性が拉致、強姦、殺害された事件、被害者は乳幼児から高齢女性まで広範な年齢に及び、強姦の結果としての出産も多数。しかし加害者はほとんど不処罰です。

また去年（2020年）明らかにされ衝撃を受けたのは、1955年当時6歳の由美子ちゃんが強姦され殺害され遺棄された事件で、加害者アイザック・ハート軍曹はいったん沖縄の軍事法廷で死刑判決を受けるも、米国で刑期45年に減刑、さらに22年に再減刑され、出所後結婚し、84年の死にあたっては米国政府が墓石の費用を出していたことが、ジョン・ミッチェル氏の調査により『沖縄タイムス』（2021年9月23日）で報道されました。

ハート軍曹の主張は、「私は米軍の撤廃を求める反政治勢力をなだめるために犠牲にされた」というもの。アメリカ国民である自分が沖縄社会の犠牲者だと、裁判の不当性を訴えたのです。これらの減刑には60年にアイゼンハワー、77年にフォードの両大統領が関わっていました。裁判が不当という雰囲気が米社会にあったということもあります。

米軍の占領政策の最優先事項として兵士の性病予防があり、1951年にはAサイン（Approved for US Forces）制度がつくられ、飲食店等は、性病検査や衛生検査でパスし、クリーンならば営業を許可するというものです。これは日本軍の中での「慰安婦」処遇にも共通します。中国・韓国・日本・沖縄の女性たちを強制的に日本軍「慰安婦」にして、性病検査を義務づけコンドームも配布しました。

　そして50年以降、基地周辺に売買春地域が開設されていきます。嘉手納基地のゲート前には八重島集娼地区ができ、後に、コザ高校の社会科の授業で当時「わが町」の調査をした高校生の報告には、米兵にとっての「何よりのクリスマスプレゼントだった」とあり、個人的には、当時の学校教員がもっと実態を話してくれていればと思います。

　51年11月には那覇市小禄の、今は自衛隊基地になっている米軍空軍基地ナハ・エアベース外に新辻町ができますが、1992年の『小禄村史』には「防波堤といっても、障壁ではなく、一部の女性たちを利用することである。風紀を守り、子女への強姦防止策として、地域に散在する女性たちを一カ所にかき集めて米兵の相手をさせ、同時に米兵の落とすドルの稼ぎ手にもなってもらう二重の目的がこの計画には込められていた」とあり、地域社会の経済的「期待」が見てとれます。同様にホワイトビーチの松島や、普天間基地の真栄原、その他、辺野古、金武などの基地周辺にも続々とこうした地域が形成されました。

　復帰の前年の1971年には、日米間で沖縄返還協定が結ばれ、沖縄に80カ所ほどある米軍基地はそのまま使用され、8カ所が地主へ返還されるのではなく自衛隊基地として移管されるということでした。復帰前夜のこの時期、ベトナム戦争たけなわでもあり、多くの沖縄女性が絞殺、強姦の被害に遭っていました。ベトナム帰還兵たちの受け皿として働く女性たちからの恐怖体験などを、当時那覇で婦人相談をしていた私は多く聞きました。事実1年間に1～5人が絞殺されています。多額の前借金による強制管理売春が肥大化し、ドルを稼ぐ最前線に彼女たちが投げこまれ、いわば沖縄社会の根底を支えました。

1969年3月、沖縄にも売春防止法が適用されるにあたり、警察によって「売春防止法施行に伴い派生する諸問題」という調査が行われましたが、それでは売買春関係で約7，400人の女性が働いており、「ホテル、Aサインバー、旅館、洋裁店等、基地経済は女性たちに大きく依存している。彼女たちの年間の稼ぎは凡そ4，950万ドル。これは沖縄の基幹作物であるサトウキビ（4，350万ドル）やパイナップル（1，700万ドル）を凌ぐものだ。沖縄最大の産業とも言えた」と、琉球新報の島袋浩氏は書いています。

そして1967年から72年までに絞殺され亡くなった女性の方々のリストを見ると、金武、コザ、浦添、読谷と多地域におよびます。69年には5人の女性が絞殺されています。復帰以降も73年には3人の女性が絞殺されました。

1956年に日本で成立していた売春防止法が、沖縄では70年に立法院議会で全会一致で制定されました。ところが施行そのものは72年5月15日とされ、委員長の大城真順氏は「沖縄における売春防止法の設定は、その必要がさけばれながら、これまで沖縄の特殊事情並びに琉球政府の財政難を理由に、その制定の日の目を見ず今日まで遅延していたことはまことに遺憾なこと」と述べました。

特殊事情とは、米兵の暴力にまみれて売買春が行われていたことと、彼女たちの稼ぐドルが沖縄経済を支えていたことです。そしてさらに「異民族支配という実に四分の一世紀余の統治」により「世相の混乱は生活の困窮と相まって基地を中心としたその周辺には、米軍人、軍属を相手とする特殊婦人の姿が見られるようになってきたのであります。特に女性の人権無視の上に利益をむさぼる売春業者を黙認している現状は沖縄の社会にいろいろな弊害をもたらしているのであります」としました。

さて、「復帰」、施政権返還となりましたが、米軍の駐留規模はまったく変わらず、売春防止法施行までに2年かかった点には、琉球政府や立法院議会の強い不安が見てとれ、女性の心身を収奪する悪徳業者は糾弾されたものの、米軍撤退要求はなく、米兵に絞殺された女性への言及もありませんでした。そうした女性たちが沖縄の経済の根底を支えていたにもかかわらず、彼女たちへの偏見や差別は強いものがありました。法律施行後１２０名余りの女性が相談にみえて、中には最高で8千ドルの前借金を抱えた方もいました。

そして売春防止法が制定された70年6月7日には、もう一つの抗議決議がなされました。同年5月30日、下校途中の女子高校生が米兵に襲われ瀕死の重傷を負う事件が起こりました。これに対する立法院議会の抗議決議は、「この種の犯罪行為は、今回が初めてではなく、過去においても枚挙にいとまがない。しかるに、このような多くの事件が発生しながら、米軍人、軍属の犯罪に対する捜査権及び裁判権がないために、琉球政府は、これを防御抑制し、発生した事件を捜査究明し、裁判に付すこともできない」と記し、四つの要求を出しました。

①軍事裁判を公開し、裁判の結果及び執行状況を明らかにすること、②米軍人、軍属による裁判及び捜査の管轄権を琉球政府に移譲すること、③米軍の責任の所在を明らかにし、軍紀を厳重に粛正すること、④被害者に対する公正な障害賠償を行うこと、というものでした。

施政権返還後も基地・軍隊の島であることは変わらずに、現在にまでいたっています。時間の関係上20年ほど後を展望すると、1995年3米兵による少女レイプ事件に抗議して8万5千人の県民大会がありました。96年には、沖縄の負担軽減をうたうSACO（沖縄に関する特別行動委員会）合意がなされましたが、現在防衛省のHPにもあるとおり、「沖縄の負担軽減と日米安保同盟強化」とが並置されていますが、これは両立できるものでしょうか。その中では、普天間基地の辺野古移設、北部訓練センターの過半の返還が掲げられましたが、2022年現在、北部訓練場の過半は返還されても、六つのヘリパッド建設とオスプレイ配備で米軍の基地機能は強化され、規模縮小はなく、辺野古基地建設を強行しつづけています。たとえば読谷村の米軍通信施設・象のオリ撤去で土地は民間に返還されましたが、結局キャンプ・ハンセンに機能を強化した施設が、日本の税金を投入してつくられています。それから米海軍病院の建設がいったん停止になったものの、キャンプ・ズケランの中に真新しい海軍病院が建てられています。

2000年にG8サミットが沖縄で開催されました。県民の望みというよりは当時の小渕首相の肝いりで決められたようですが、米クリントン大統領が沖縄に来て、平和の礎で稲嶺知事を前にスピーチをし、「1995年に沖縄における私たちの駐留軍の足跡を大幅に削減し、その多くの負担を軽減すべくSACO協定を結びました」、またさらに「我々はこの島に残した足跡を軽減していくための努力を続けていきます」とも言っています。ところが先ほども報告したように、一応古いものを返してもまた、新たなものが強化されつくられていくわけです。

私が特に強調したいのは、たとえば在沖米総領事ホームページには、駐留政策として、「駐留する米国軍は、よき隣人として沖縄に住み、地域社会と共に双方の生活の質の向上に励んでいる」と高らかに言い、米軍基地は「沖縄で2番目の大雇用者。年間30億ドル以上も地域経済に貢献している。県民一人当たり年間3千ドルにのぼる」と書いていますが、これには基地の膨大な使用料も含まれています。「しかし、基地の最も価値のある資産は、その技術や情熱を、基地の外で広範囲にわたる慈善活動に奉仕する基地内の住民である。これらの奉仕者は、沖縄の学校での英語教育支援、ビーチのゴミ拾い、養護施設や老人ホームでの奉仕活動、障碍児スペシャルオリンピックの主催に至るあらゆる活動をしている」「軍の環境保護提唱者や考古学者は、沖縄の仲間と共に環境をよくし、文化遺産の保護に取り組んでいる」とします。ＰＦＡＳ汚染の責任はどうなるというのでしょう。本当にひどいホームページです。また「基地内大学は、沖縄の生徒にその門戸を開き、海軍病院は、地域の医者に先端技術の病院実習の機会を与えている」。

そして私が最も怒りを覚えるのは「米軍基地関係者のかかわった事件は減少している。これは米国内に駐留する同様な部隊と比較しても少なく、また、若年者が圧倒的多数を占める軍の構成にもかかわらず、沖縄の一般社会における犯罪発生率の半分以下である」。みなさん、この記述をどう思いますか。沖縄の一般社会と比較するのであれば、基地外に出て沖縄の人に対し犯罪を犯す人の数と、基地内に入って犯罪を犯す沖縄の人の数を比べるならまだしもという感が否めません。日本政府によって沖縄での駐留が許容されているのは、米国に正式に登録されている軍人であり、国家公務員ですが、その人々の犯罪数と沖縄の公務員の犯罪数を比較しますか。比較にならない比較をして、米軍人の犯罪を矮小化しているとしか思えません。

１９９５年10月に米国オハイオ州デイトン・デイリー・ニュース紙は、沖縄での米軍人3人による少女レイプ事件を受けて、米国の情報公開法を基に調べたことを記事化しました。記事によると、「住民の生活空間と近接して米軍基地が存在することから、住民を被害者とする米軍人等における事件・事故が構造的に日常的に発生している」、「世界のどの米軍基地よりも日本の基地において、より多くの海兵隊員や海軍の兵士が、レイプや児童への性的いたずらその他の性的犯罪のために裁判にかけられている」、「1988年から94年までの7年間に、犯罪を犯して被告として軍法会議または裁判にかけられた人数の中で、在日米軍基地は被告数169人（要員4万1008人）で、突出した性犯罪率の高さを示している」、「米兵犯罪に詳しいフロリダ州在住のフィーロック弁護士は、米軍部隊の配備が非常に集中しているところで性犯罪が起き、今日もっとも目立つのは、若い米海兵隊員が集中的に配備された沖縄で性犯罪が多発することであると指摘している」と書いています。

そしてこれは2011年度の米海兵隊駐留地別の性的暴行の米国報告と、日本語でまとめられた米軍の海外駐留地域の軍人数や米軍施設・区域の面積を表した表とグラフです（→次頁）。米軍の国内にいる軍人数、国外のそれ、さらに日本、ドイツ、韓国の順で駐留軍人数が多いことが示されています。日本が最も多いことがわかりますし、その内訳では、施設面積でも軍人数でも、沖縄に最も高い比重がかかっているのが一目瞭然です。

また、2016年にジャーナリストのジョン・ミッチェル氏によって、在沖海兵隊兵士のための研修資料の内容が明らかになり、その後県は米軍に対し、沖縄の基地負担の現状を盛り込むよう求め、改正前と改正後の内容が県紙でも出ました。従前は「沖縄の世論は感情的で二重基準」としたものが、改正後は「歴史を踏まえて県民感情を理解すべき」となり、「軍用地が唯一の収入」であるから基地を受け入れているというものから、「沖縄は基地経済で成り立ってはいない」になり、「基地反対は少数派」は削除され、「沖縄二紙は

米軍の駐留人数（2020年3月31日現在）

国		現役勤務（沿岸警備隊、予備隊、文官は除く※）単位：人					（参考）
		陸軍	海軍	海兵隊	空軍	合計	2019年3月
総合計		474,793	334,639	184,694	329,029	1,323,155	1,303,775
米国内計		426,056	301,537	151,560	276,498	1,155,651	1,138,309
米国外計		48,737	33,102	33,134	52,531	167,504	165,466
1	日本	2,525	20,636	19,177	12,810	55,148	56,118
2	ドイツ	20,774	469	441	12,980	34,664	35,104
3	韓国	17,618	363	204	7,998	26,183	25,883

出典：沖縄県ホームページより
https://www.pref.okinawa.jp/_res/projects/default_project/_page_/001/017/466/us-mil-number202003-1.pdf

数字で見る沖縄の米軍基地

1 在日米軍施設・区域（専用施設）面積

	本土	沖縄県
面積	7,810.2ha	18,483.3ha
割合	29.7%	70.3%

※2021年3月31日現在

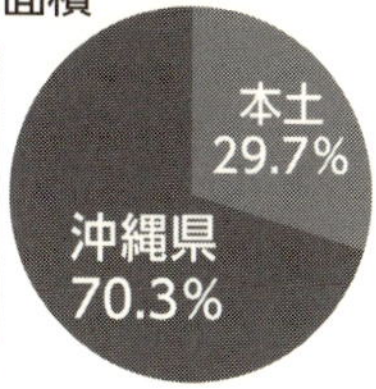

面積

2 軍人数

	本土	沖縄県
軍人数	10,869人	25,843人
割合	29.6%	70.4%

※2011年6月末現在

軍人数の割合

出典：沖縄県ホームページより
https://www.pref.okinawa.lg.jp/_res/projects/default_project/_page_/001/017/292/r5_qa_book_uramen.pdf

内向きで狭い視野」も削除、「外人パワーで異性にもてるようになる」、米軍人がらみの事件・事故は、突発的な、外人パワー（カリスマ性）の許容範囲を超えた行動だ、というのも削除となりました。改正後、米軍の四軍調整官は記者会見を開き、それをアピールしました。

復帰後50年の米軍構成員などによる刑法摘発状況はと言うと、全体の約20％が強制性交などであり、強盗73％に続いています（殺人4％、放火2％）（『琉球新報』2022年4月28日）。沖縄に米軍基地があることの根幹に、不平等な日米地位協定があります。基地のフェンスとゲートによって、日々の軍事演習と、兵士とその家族の安全で快適な生活が保障されています。県民はフェンスやゲート前のオレンジラインを越えると逮捕されるのです。

2005年7月、10歳の少女に対する空軍兵士による事件が起こり、私たちは「基地は沖縄のどこにもつくらせない！」と抗議し、普天間基地の撤退と辺野古断念を求めて「心に届け女たちの声ネットワーク」で道ジュネー（デモ）などを行いました。

日本社会における性差別意識の根深さもあります。2011年に、米軍普天間飛行場の代替施設（辺野古新基地）建設に向け、政府が環境影響評価（アセスメント）の評価書の提出時期を明言しない理由について、沖縄防衛局の田中聡局長が、報道各社との非公式の懇談で「これから犯す前に犯しますよと言いますか」などといった趣旨の発言をしていたことが報道されました。政治的なプロセスの比喩にレイプを持ち出すということに批判が大きくあがりました。性被害が生じた場合でも、たとえば2008年米兵による少女性暴力事件で、ある週刊誌が「危険な海兵隊と知りつつついていったツケは大きい」と被害者をバッシング。類似の例は多いです。

私たちは２０１６年に米軍属によって行われた20歳の沖縄女性殺害事件に際して、被害者は自分だったかもしれないという憤りと哀しみを込め、戦後71年、それまでの数々の抗議を重ねても繰り返される、基地や軍隊があるが故の事件事故への思いを表明しました。

結局「復帰」は第二の「天皇メッセージ」ではないか、というのが私の抱く結論です。憲法は本当に沖縄に行使されているのだろうか、軍事力に頼らない真の安全、平和の実現に向けて安全保障を問い直す声、ネットワークをつくりつづけたいというのが、この報告の主旨です。

＊

宮城　ありがとうございました。少し時間もありますので、「天皇メッセージ」について少し補足をいただいてもいいですか。

高里　そうですね。報告の最初に「日米関係から生じる構造的性暴力」と提示しましたが、沖縄が復帰したと言っても、性暴力の継続があることの根底に１９４７年9月の、マッカーサーに謁見した際の天皇メッセージがあります。それはまず、１９４７年に日本国憲法が制定され翌年の5月から施行されているのですが、天皇は権限もないのに謁見の際に、半永久的に沖縄は米国の自由にしてよいというメッセージを発したのです。それに端を発して、私たちは、日本が基地を許容することによるどれほどの人権侵害の苦しみを受けてきたか。また1996年のSACO合意でも、基地の負担軽減よりも自由使用に傾くような理不尽を強いられてきたわけですが、復帰しても日本国憲法下になっても、何もその状況が変わっていない。そのような意味で、天皇メッセージは再々沖縄を縛っていると考えています。

＊

宮城　ありがとうございました。憲法のことも出ましたので、髙良さんの報告も受けたうえで、オンライン会場の質疑応答にひらいていきたいと思います。よろしくお願いします。

髙良　今日のテーマは私にとって大きなものです。「復帰」後に生まれたので、自分がどれだけ「復帰」について語っていいのかという思いもあります。それでも語ってみたいと思ったのは、10年前に本学で開催された「復帰」40年のシンポジウムに出席し、戦後の政治をけん引した、確か6人の登壇者がいらっしゃって、いろいろ勉強にはなったけれど、最後に司会者による「復帰」自体をどう思うかという質問で、登壇者は一様に「良かった」と答えていて、違和感を持ったところにもあります。女性の人権が大きく踏みにじられつづけ基地が維持されている「復帰」を肯定するということはどういうことなのか。「復帰」

に女性たちは何を見たのか、何を求めたのか、というのが個人的には課題になりました。今日は、研究分野である憲法を軸としながら、「復帰」とは何だったのかについて、平和憲法の下での基本的人権の保障を望む心情、基地のない平和な島を強く望んだはずが、そうではなくなってしまったことを、先輩方とともに考えたいと思います。

今回「女性」という企画をたてたのは、先ほどの「復帰」40年のシンポジウムの登壇者が全員男性だったこと、その他にも、自分が参加した「復帰」関連の講座や学習会でも女性が取り上げられることがなかなかなかったことへの思いもありました。沖大での「復帰」40年シンポの参加者のコメントに「女性たちの声もほしかった」というものがあり、10年後の今回それを考えようという企画になりました。

私からは「復帰」50年の女性の人権を中心に報告します。その中で、たとえば「復帰」後の沖縄の状況改善を求めた「屋良建議書」（琉球政府「復帰措置に関する建議書」１９７１年）の中で女性への視点はどうだったか、「復帰」運動などの中で女性はどのような立ち位置だったのか、「復帰」の「原動力」としてどのような存在だったたか、また沖縄における憲法観の変化、どんな日本に「復帰」したからこのような現在なのかなどを考えたいと思います。

最初に、「建議書」の中で女性はどのように取り上げられていたのか。その中では基地のない、平和憲法での人権保障が強く望まれる、米軍基地については「整理なり縮小なりの処理をして返すべき」だが、返還協定は「基地を固定化するもの」という訴えがなされています。自衛隊配備については、後でも触れますが、「絶対多数が配備に反対している」という記述があります。高里さんのご報告にもありましたが、返還された米軍基地が実は自衛隊基地になったという状況も沖縄の各地でありました。人々も敏感に反応し、日本軍と自衛隊の継続性や類似性への強い危惧がありました。今は自衛隊への嫌悪感も薄れてきているという資料ものちに示します。

宮城　「建議書」について手短かに説明をいただけますでしょうか。

髙良　そうですね。「復帰」への流れの中で、沖縄に関して日米間で返還協定の協議がなされていて、その内容が沖縄の要望を十分くみ取っていないのではないかという声が上がり、それを受けて沖縄の側から要望を文書化していこうという経緯の中で必死につくられたのが、当時の屋良朝苗琉球政府主席とその周辺の方々の手による「建議書」でした。そして返還協定の内容と「建議書」の内容は非常にかけ離れたものでした。「復帰」について議論された１９７１年の沖縄国会にそれを提出しようとしたのですが、屋良主席の到着を待たずに国は強行採決というかたちで返還協定を議決させたのでした。後に総理大臣を始め複数の人々に「建議書」は手渡しされましたが、沖縄返還措置に沖縄の声が聴き届けられなかったという結果となりました。

当時日米間では「核抜き本土並み」ということも言われましたが、「建議書」の中では、たとえ核抜きであったにしろ沖縄の米軍基地は非常に大きく、本土と比べ不平等で過重な負担を強いるものだ、また、日米安保条約は沖縄を「要石」として必要とするものだと強く指摘していますが、これらも沖縄国会ではきちんと議論されませんでした。「建議書」では、地方自治の確立、反戦平和の理念の貫徹、基本的人権の確立、県民本位の経済開発等、四つの要求もなされました。地方自治については、現在はむしろより脅かされている状況でもあり、辺野古の問題なども見ていくと、自治や地方の要望は非常に軽んじられ、権力の横暴なふるまいが今も顕著です。反戦平和については、複雑なかたちで県民の考え方に変化も見られます。基本的人権の確立も重要ですが、県民本位の経済については、周知のように基地の影響を大きく受けつづけています。

「建議書」を読み、女性に対する暴力や女性の人権がどれほど重視されているか見てみると、基本的人権の保障や平和主義が求められ、基地負担が強調され、「婦女子が暴行、殺傷され」ているとの認識があります。また、福祉の充実、という箇所では、性産業に従事する「特殊婦人」に関する記述があるものの、「建議書」全体では、女性の人権に重きは置かれていなかったように思います。ただ、基地あるがゆえの女性や子どもの犠牲の多発という状況、先ほども高里さんによって戦中戦後の米兵による性暴力犯罪や事件、殺害のすさまじさが指摘されましたが、それらが法によって解決されないという現実への反感は、「復帰」への大きな原動力になったと考えられます。

当時の米軍人による性犯罪、これは現在まで連続性を持っていると思いますが、戦勝国の占領者であった軍人による異民族支配のもとで、被支配者の側からの、被占領地の女性はいわば「戦利品」だというような、軍隊の構造的暴力にさらされながら女性や子どもたちは生きてきました。

今年（2022年）の3月、那覇市の「小禄九条の会」総会において、「建議書」の作成にも関わられた平良亀之助氏の講演があったのですが、報道された返還協定の内容と沖縄の思いがかけ離れていた。日本政府との返還の話し合いの過程で、沖縄側の声は次第に汲みとられなくなっていったので、声をきちんと出していかないといけないとなった。「建議書」作成の基礎にも、女性や子どもへの性暴力、その他の多くの人権侵害への抵抗の思いがあったとおっしゃいました。

それでは、どんな日本に「復帰」したのか、という問いを現在からたてるとどうなのでしょう。当時の日本では安保条約体制と平和憲法体制が並立していました。日本国憲法自体はよい憲法だと思いますが、あらゆる軍備を否定する平和憲法は、いわばたった3年で終わっているとも言えます。1950年の朝鮮戦争勃発に伴い、米国の対日占領政策が転換されたことで、再軍備の過程がたどられるようになります。警察予備隊（1950年設置）が52年に保安隊、54年に自衛隊となりました。72年の時点では現行の日米安保条約（1960年）になって既に12年が経っていました。

そのため、沖縄が望んだ、基地のない平和な島として平和憲法のもとに「復帰」するということ自体、とても困難であったということは、今の視点で見ればすぐわかります。それでも沖縄の人々は、憲法における基本的人権の保障という点に希望をつないだのでしょう。ただ「基地のない沖縄」は日米政府に想定されていなかった。沖縄は、再軍備後の日米安保体制と日本国憲法体制が併存する状況の中に「復帰」するしかなかった。当然のように自衛隊も配備され、米軍が長期駐留となったのです。

「復帰」とは何かについて、新崎盛暉氏は、米軍基地の存在を日本から見えなくする政策だと指摘しました。返還に際して、在日米軍基地を再編し沖縄に移動させることによって、日本本土の米軍基地を三分の一に減らすことで、心理的にも地理的にも遠い沖縄に基地が偏在する現在のような状況をつくりだした、と述べています。基地が沖縄に大きな割合で存在し各地に偏在する結果、沖縄で軍隊の構造ゆえの性暴力その他の基地被害が起こりつづける状況が生まれ、その被害もまた日本本土からは見えにくいため、日本本土においては日米安保体制を良しとして受け入れる考えが大きくなって、それに反対しにくいようになっていく。それは当然、返還協定の中に琉球政府、沖縄側の声が十分組み込まれなかった結果であり、沖縄が望んでつくりだした状況ではありません。

沖縄の基地負担が、平和憲法と日米安保の併存を担保する要であったということです。日本本土において基地が顕在化すると、平和憲法違反と批判されることになるため、見えなくして、一方で沖縄を基地として提供し日米安保体制で守られるという体制です。この体制が長い間不可視化されてきたため、軍事を伴う安保体制を批判しない心理が、50年かけて日本全体で形成されたと言えるでしょう。

沖縄もそれを内面化している面があって、現在なかなか米軍基地そのものに反対する声が、たとえば若い世代で共有されているとは言いにくいことがあります。それでも事実として沖縄は、安全保障を理由に日本の多数者の支持によって、軍事性暴力の危険を内包する軍隊との共存を強いられつづけています。事件や事故が沖縄で起こるたび、日米地位協定の改定が主張されますが、これも日本本土にはなかなか届かない。そのため日本の多数者が安保体制を容認する中、地位協定の不平等条項の問題が、国会で十分に審議されず、被害の救済が十分できていません。

軍隊による安全保障では、「女性や子どもがより脆弱な立場におかれている」にもかかわらず、日本の場合、駐留軍受け入れ地域の人々の人権、人間の尊厳を法が救済できていないことが指摘されます（秋林こずえ「法による暴力と人権の侵害」、島袋純・阿部浩己責任編集『沖縄が問う日本の安全保障』岩波書店、2015年、160頁）。くり返しますが「復帰」政策により沖縄に基地を偏在させたために、日米安保や地位協定の不平等性や軍隊の危険性を日本全体として共有できていません。

今年（2022年）5月の『沖縄タイムス』の県民アンケートでは、米軍基地が「大いに必要」と「必要」が69％、自衛隊の今後としては「強化」が「現状維持」を合わせると80％以上、肯定的なものが80％を越え、南西諸島での自衛隊の強化に対しても、「よい」との回答が57％となっていました。「建議書」作成当時とは、平和憲法や軍事についての感覚がだんだん変わってきていると感じますが、個人的には軍隊による安全保障では女性や子どもの安全は守れないと考えるので、日本国憲法の平和主義や人権保障を求めて「復帰」した沖縄で、軍事力による安全保障を容認していくことについては、もっと深く考えていかなければいけないと思っています。

沖縄から憲法を真に実現しようと考え、これまでの50年や今後の沖縄の50年を展望する際、やはり現状容認ではいけない。米軍基地の存在があり、米軍兵士の犯罪や性暴力が紙面に載る日常が当然のことのように、感覚が慣らされ過ごしていますが、これはやはり「普通のこと」ではないという認識から出発し、これからの50年を見ていきたいと思います。

子どもを含め沖縄に生きるすべての人の上空を軍機が飛び交う日常、軍機の墜落や部品落下は「普通のこと」ではないです。ことばをカッコに入れたのは、１９５９年の宮森小ジェット機墜落炎上事件の当時の米国の報告書が最近明らかにされ、その中でこのような事件は「普通のこと」だと記述されていたことが念頭にありました。あの墜落で子どもたちが多数亡くなったのは、普通ではないという認識を再度確認したいのです。

軍事性暴力の危機にさらされウォーキングや買い物に安全に行くことができないのは、

普通ではないと再認識し、基地の偏在が招く弊害の解消を求めつづけ、人間の尊厳、平和の中に生きる権利等、憲法の定める根源的な価値や、平和主義の適用がまだ沖縄では実現されていない状況を、決して受け入れてはいけない。

沖縄から非暴力の実現をどう目指せるのでしょう。憲法には、一般的な平等原則だけではなく、家庭の中から個人の尊厳や両性の平等を重んじるという規定があります。かつて明治憲法の下で軍国主義を支えた全体主義、家父長制を支えた男尊女卑のような支配服従関係を否定しようというところから日本国憲法は始まっていて、24条の家族生活に関する平等規定となっています。だからこそ24条は改憲勢力から狙われてもきました。

非暴力な社会の実現を目指すというときに、単に大きな軍隊だけに眼を向けていくだけでなく、個人の尊厳や両性の平等を私たちの身の回りから実現することが、先々の軍事主義的なものを否定していくことにもつながっていくと考えます。沖縄の軍事への抵抗運動は基本的にずっと非暴力でもあるので、沖縄からそれを実現させる可能性があるのではないでしょうか。

「復帰」後50年間、米軍基地が存在するため憲法は十分適用されてこなかったゆえ、憲法の実現への要求が強く行われてきたと思います。特に、生命や人間の尊厳という根本的な部分すら十分に保障されてこなかった点は、女性の権利実現というものと深く関わってきたのではないでしょうか。

最後に、「復帰」は良かったのかを何度も問いつづけつつ言うと、一方ではやはり、人権保障の可能性や憲法実現や公正な裁判を求める根拠法を手に入れたという点では、非常に意味のあることだったと思います。他方で、沖縄の頭越しになされた「復帰」措置というものが、沖縄にとって不利な結果を残しつづける結果となっているので、それは課題でありつづけていると思います。

日本における教育課程の中で、日本の歴史を学ぶことを国民として沖縄はやってきながら、沖縄そのものの歴史を中心に位置づける教育というものは十分にされてこなかった。そこから現在の軍事による安全保障を容認した思考も生まれてきたように思い、不安を感じてもいます。私の報告は以上です。

＊

宮城　ありがとうございました。本来なら最高法規であるはずの憲法が、米軍による事件事故を裁く場合、日米地位協定の適用によって何度も阻まれていくということを私たちはいやと言うほど目にしてきました。それを考えていくことも必要だと思います。

ではこれから質疑応答に入りたいと思います。

《女性たちの運動は「復帰」後活発化したように思うのですがどうでしょうか。「復帰」をまたいで断絶したり、連動したりした動きがあれば、教えてください》

高里さんいかがでしょうか。

高里 女性たちの反戦や反基地、米軍による住民の土地接収への抵抗、また幼稚園の設置や反「洗骨」運動などがいろいろ「復帰」前にもありました。「復帰」直後には、むしろ国外も見据えた女性たちの活動があり、国連主催の75年のメキシコの女性会議への着目、その後の参加もありました。断絶というのは特にありません。

宮城 たくさん質問が来ています。《「復帰」後自衛隊の配備があったが、隊員による暴力被害はあったのか》高里さんどうでしょう。

高里 自衛隊については、外部から見えにくいこともありますが、複数の女性からの性暴力告発は県外でもあります。自衛隊だから品行方正というものではなく、しかし訴えにくいという面はあるでしょう。

宮城 《沖縄の女性の問題を解決に進めるためにも、沖縄で女性議員を増やせればと思いますが、どのようなお考えでしょうか》との質問も来ています。

髙良 今回の参議院選挙で女性議員が増えたとされますが、これは参議院だからで、女性の権利拡大が進んだからではないと思っています。衆参は基本的には同等の力を持つはずですが、衆議院の方が重視される傾向があり、参議院には、女性タレントなどで議席を温める的な傾向は今回もありました。そうした女性の消費ではなく、能力ある女性がきちんと当選できるような社会環境を整える方が重要だと思います。沖縄も含め、議員の働き方が男性のみに可能で、女性にはできないような状況の改善が不可欠でしょう。

宮城　これも参院選がらみですが、《「沖縄の米軍基地を東京に引き取ろう」という公約を掲げ立候補した中村之菊さんがいました、どう思われますか》という質問です。中村さんはテレビ番組を見る限り3千票余を獲得し、「これからもがんばる」とコメントしていました。

高里　私は、米軍基地は日本から米国へ戻すべきだと思います。どう移設するのか、演習や性暴力被害まで引き受けるということなのか。安全保障や軍事費削減を考慮せず移設を訴えると、実際には移設の際、規模の拡大など、より効果的なやり方が取られる可能性が生じ、新たな厳しい問題になります。彼女の気持ちは汲みますが、実質的には沖縄のためにもならないと思っています。

高良　私も基本的には高里さんと意見を共有しますが、先ほども言ったとおり、沖縄の基地の現実がなかなか見えにくいからこそ、引き取るという運動も出てくるのではないかと思います。

　基地は敷地だけの問題ではなく、騒音や犯罪などの基地被害、基地内外の水や土壌汚染も含めて基地です。沖縄の現状に寄り添おうという思いや気概は貴重だと受けとめますが、軍隊による安全保障という発想そのものがおかしいという視点も確立していきたいです。

宮城　3千票ということは沖縄の現状への共感という象徴的な意味ではあるかもしれません。

次に、《米軍基地容認が増えている要因はどのようなものか、慣れとか教育でしょうか》という質問です。

高良　私が言及した県民アンケートのことだと思います。69％の人が米軍基地容認という。

高里　基地はもう77年沖縄にありつづけ、その風景はなじんだものにもなり、親子三代基地従業員であるという事例もありますよね。その中で、普天間基地所属の米軍機から近隣の緑が丘保育園の上に部品が落ちた（2017年）ことで、初めて「魔法がとけた」とおっしゃったお母さんがいました。それまで近親者が基地労働者で特に基地反対ではなかったし、基地で経済を成り立てている基地労働者もいるからと看過していた自分が、基地が異様だと強く認識することになった、と。

また1995年の米兵による少女暴行事件に際して、ある読谷の男子高校生の発言がありました。それまで基地の照明の明るさは、むしろ幻想的できれいだったのが、事件以後まったく違ったものに見えてきた、というものでした。先はどの基地容認69％や、これまで基地労働者や米兵との縁戚関係などから日常化した基地の風景は、自衛隊への親近感化などにもつながりますが、根本は何なのか考える必要があります。基地労働者への配慮を言うなら、沖縄において、基地労働以外の産業創出への志向こそが目指されるべきではないでしょうか。

宮城　日常化ということであれば、今年の名護市長選で、もう辺野古賛否は争点にならない、むしろ容認を言わずとも前提として、どうせ国が強行してつくる基地受け入れの見返りとして国からの補助金などを継続的に求める、というような状況も浮上しましたよね。

高良　基地を批判する教育も生活環境もないことを余儀なくされた状況はありながら、それでもその異常性を考える機会を少しでもつくることができればと思います。また、辺野古の報道に特化されすぎると、普天間や自衛隊基地やひいては嘉手納基地などの相関する問題が少しないがしろにされる状況もあって、もっと総合的に、沖縄が置かれている異常性などが見えるような報道やメッセージの必要もあると考えます。辺野古がクローズアップされて後から成人になった若い世代にとっては、そうした総合的な問題があまり連動した問題になっていないような危惧も感じます。

宮城　若い世代における、自分の生活を中心とした将来への不安とも何か連動はあるようにも思いますが。

高良　大学の学生からの授業へのコメントからも、自分の不安が軍事による安全保障への肯定へと漠然とつながっていくようなものは感じられます。

宮城　つながるものではないとどう明確に提示するかが課題でもあると思いますが、それと関連して辛口の質問です。

《基本的にはこの講座内容には賛同しますが、基地容認の方々にその主張が届くとお考えですか》というものですが。私としては、「届かないにしろ諦めず言いつづけるにつきる」という応答なのですがどうでしょうか？

高里　届かない方々と、なぜ届かないのでしょうか、その理由はなんでしょうか、と話しつづけることだと思います。

高良　このような場に参加していただく方は、関心や共感のある方で、ここにいない方にどう届けるのかがやはり課題だろうなといつも思っています。関心のある方には届くけれど、そうでない方にはなかなか届かない。その中で、個人的には、やはり戦争の惨劇を二度とくり返さないことが憲法の基本だと思う、その事実が衝撃だったので、それを出発点として伝えられればと思います。

宮城　そうした市民や公民としての意識形成が、現在の教育の中で減少していく流れもあります。「道徳」の科目化や、関連して伝統的慣行への評価など、映画『教育と愛国』（斉加尚代監督、２０２２年）にも、小さなところから国の方針や軍事へのノーが言いにくい流れが形成されていくことへの指摘がありました。

高良　軍隊による安全保障が有効だとする政治の流れとそれへの共鳴が大きくなりつつあるなか、それは違うということを、具体的根拠を示しながら伝えていきたいと思います。

高里　《（米軍の性被害に遭ったと訴えた）被害者を非難するような動きもあるのですが不思議です》というコメントに二言。本当にこれは多くて、たとえば2009年でしたか、米兵のバイクの後ろに乗って被害に遭いかけたという事例について、「なんで海兵隊が危険だという親の教育もなく乗ったのか」とか「被害者が悪い」という攻撃があり、それが一般化され被害の訴訟が表面化されにくくなっています。加害者はそれを悪用しているケースが増えています。被害者を徹底的に守るということでは、「フラワーデモ沖縄」でも実践中で模索しています。

宮城　いろいろ応えられないこともありましたが時間となりました。ありがとうございました。

（2022年7月16日開催）

高里鈴代（基地・軍隊を許さない行動する女たちの会・共同代表）
宮城公子（沖縄大学名誉教授。日本文学、比較文学、ジェンダー学）

沖縄から考える軍拡・平和
――軍拡の現場から求める平和

はじめに

2024年3月末、伊江島で予期せず米軍オスプレイに出会った。3月14日に飛行が再開されたばかりの米軍オスプレイだ。伊江島の対米軍の土地闘争を物語る「団結道場」の近くに位置する訓練場で、オスプレイが離着陸、旋回をくり返していた。米軍オスプレイは、事故や不具合が多いことから、当初から沖縄では強固な反対がある。しかし、反対を押し切り2012年に、米軍普天間飛行場（沖縄県宜野湾市）に配備された。戦闘機や輸送機は、配備場所以外の空も自由に飛び回る。那覇に所在する筆者が勤務する大学の上も当然ながらオスプレイは飛びつづけた。

２０２３年11月29日鹿児島県屋久島沖に米軍オスプレイが墜落し、８名の米兵が犠牲になった。その後、米軍側の判断によってオスプレイの運用が停止された。同年９月には、不具合のために石垣空港に緊急着陸しており、改めてオスプレイの危険性が浮き彫りになった。しかし、わずか４カ月後、墜落の原因究明、その改良等もないままの飛行再開となった（『琉球新報』２０２４年３月14日）。結局、安全性よりもオスプレイの継続的な運用が優先された。オスプレイ飛行の下で日常生活を送る私たち、オスプレイに乗る米兵あるいは自衛隊員の命は、明らかに軽視されている。軍事優先の政策は、人間の生命、尊厳を守らない。

２０１６年の与那国島への陸上自衛隊の配備を皮切りに、宮古島、石垣島といった沖縄島よりも南西の島々にまで防衛の「空白を埋める」という名目のもと、自衛隊が次々に配備された。２０２０年から始まったコロナ禍の間も、宮古島、石垣島では駐屯地建設工事は粛々と進められた。配備された自衛隊は、２０１４年の集団的自衛権行使容認によって、より軍事的な方向に変質し、２０２２年12月に出された「安保関連３文書」（「国家安全保障戦略」「国家防衛戦略」「防衛力整備計画」）によってより実戦的に強化される自衛隊である。今、沖縄では、沖縄の島々、他国と国境を接する島々まで配備された軍事基地が標的にされ、生活の場が戦場にされる危機感が高まり、まさに日本国憲法前文に宣言された「平和のうちに生存する」という権利の実現が求められている。

南西諸島地図
種子島
屋久島
（東シナ海）
奄美大島
徳之島
沖永良部島
与論島
尖閣諸島
久米島
沖縄本島
北大東島
南大東島
慶良間諸島
台湾
宮古島
西表島
石垣島
（太平洋）
与那国島

以下には、特に「安保関連3文書」以降の沖縄における軍拡、自衛隊が配備・強化されている沖縄の島々の状況について、現地視察をもとに述べる。

1　沖縄は今でも「軍事植民地」か

２０２２年は、沖縄が日本に「復帰」あるいは「再併合」されて50年目の節目であった。同年5月15日には、沖縄県と日本政府の共同開催による「沖縄復帰式典」が沖縄と東京で同時開催された。しかし、沖縄の軍事基地の過重負担は変わらず、「復帰」50年は必ずしも祝える状況にはない。

その年の12月16日に出されたのが「安保関連3文書」であった。日本の「安全保障政策を実践面から大きく転換する」（国家安全保障戦略）この文書は、日本の軍拡を加速させ、日米の軍事的協働関係を深化させる。在日米軍基地が偏在し、自衛隊も配備・強化されている沖縄では、大きな影響が懸念される。

１９７２年の「復帰」時に、当時の琉球政府から日本政府に対して出された「復帰措置に関する建議書」には、「基地のない平和の島としての復帰」を望んでいること、米軍基地の整理、縮小、返還、自衛隊の配備について「絶対多数が反対」していることが記されている。しかし、50年の間、米軍基地の整理縮小はほとんど進んでいない。止まない嘉手納飛行場の騒音、遅々として進まない米軍普天間飛行場の返還、辺野古新基地建設の強行。配備された自衛隊も、固定化され増強されている。

沖縄を米軍に差し出し軍事利用する構図は「復帰」時と変わらない。そのうえ、日本の軍拡までも沖縄で強固に進める「安保関連3文書」は、「復帰」から50年以上経ても、沖縄が日米の「軍事植民地」だと、「戦場にしても構わない地域」だと確認した文書だという側面がありはしないか。日米両軍事力の軍事的協働関係が強まるなかで、沖縄は軍事基地として利用されつづけている。

2　軍拡の現場に生きる

2023年9月、筆者はコロナ禍前から念願だった北海道の自衛隊矢臼別演習場を、北海道在住の憲法研究者の案内で訪れた。憲法の平和主義が、日本の再軍備、軍拡の流れの中で大きく変質させられるなかでも、軍事力によらない平和を遠慮なく表明しつづけている矢臼別演習場内民有地をこの目で確かめたかった。演習場内の道を進み民有地に辿り着くと、平和的生存権（憲法前文）、平和主義（第9条）が大きく描かれた建物に出迎えられる。

自衛隊演習場の中にある民有地まで続く訓練場内の道を人々が行き交い、毎日人々が生活していることそのものが軍事主義への抵抗である。そこには軍事主義に屈しない人々の豊かな生活と闘いがある。

沖縄から訓練移転した米海兵隊の実弾射撃訓練が、矢臼別演習場で行われている。軍事植民状態の沖縄から、日本が植民地として接収して切り開いたアイヌの土地へ訓練が移転されている事実は、弱者間での負担の移転ともいえ、筆者の心を抉った。沖縄で戦うことを想定した日米共同演習が矢臼別で行われている。北海道と沖縄という二つの内国の植民地が、日本の「新たな戦前」を支えているというのか。釧路地域の人々から聞いたのは、北海道での訓練が沖縄の延長線上にあるという事実だった。

この年、朝鮮（朝鮮民主主義人民共和国）から事前に「衛星」発射の予告があり（『琉球新報』2023年5月29日）、石垣島、宮古島、与那国島にはPAC－3が配備された。しかし、Jアラートがけたたましくなった5月31日早朝、「衛星」発射のためのJアラートだったが、物々しく配備されたPAC－3は、台風の影響で、実際には丁寧に片付けられていた。朝鮮の発射した「衛星」は、沖縄からは遠く中国と朝鮮半島の間にある黄海に落下した。翌6月には、朝鮮が短距離弾道ミサイルを2発発射し、これも石川県舳倉島《へぐらじま》の北、排他的経済水域内に落下した（防衛省・内閣官房「北朝鮮のミサイル等関連情報」2023年6月15日）。沖縄とは関係性の遠い「衛星」、ミサイル発射訓練に影響を受け、沖縄の島々には、これ以降毎日のようにPAC－3が展開されつづけ、その一部が片付けられたのは2024年2月になってからである（『琉球新報』2024年2月7日）。日本政府が危機をあおり軍拡する様子が沖縄ではわかりやすい。未だ不安定な朝鮮半島の状況、「台湾有事」に対するという理由で軍拡がなされている。台湾と国境を接する与那国島まで、「防衛の空白を埋める」として配備された自衛隊は、2022年の「安保関連3文書」改定、それ以降のさらなる軍拡のなかで、戦争の最前線で人々は日常生活を送っている。

（1）与那国を歩く

2023年9月、2016年2月以来7年ぶりに与那国へ行くことができた。前回、訪島したときは与那国島の陸上自衛隊の駐屯地が開所の直前だった。

与那国は台湾と国境を接する島だ。年に数回、台湾を見ることができるほど台湾と近い。陸自が配備されるまで与那国

国境の島であることを示す「日本国　最西端之地　与那国島」と書かれた石碑（撮影筆者）

島には軍事基地がなかった。国境の島であり、しかもこれまで軍事基地のなかった場所に配備するというのは、軍事的緊張に鈍感な安全保障策である。

与那国では、陸自配備計画に対しては、賛成・反対で民意が割れ、２０１５年には住民投票が行われ、配備賛成が過半数を超えた。島を二分した配備の賛否の禍根が残る。

与那国駐屯地は、外から訓練の様子が見えるような駐屯地ではない。そのような与那国で、２０２２年11月の日米共同演習「キーン・ソード23」では、米軍の戦闘車両が人々の生活道である公道を通った。そのときの住民の気持ちを思うといたたまれない。

現在与那国駐屯地には、射撃訓練場がない。駐屯地の隣にある18万平方メートルの広大な敷地「南牧場」に自衛隊を拡大しようという話が出て

与那国島の高台に設置されている陸上自衛隊のレーダー施設（撮影筆者）

いる。また、島の南西にある「カタブル浜」への港湾整備計画も新たに浮上している。与那国町長から政府、自民党に出された要望書によれば、「島民の生活基盤及び産業基盤の造成、地域の活性化」に加え、「有事或いは、災害時」の防災拠点、避難のための輸送基地のためだと記されている。ただし、「カタブル浜」に隣接する樽舞湿原は、環境省も指定している重要湿地であり、水生・半水生昆虫が多数生息している独特な場所である。そのような特別で重要な湿地に、大型のクルーズ船だけでなく、自衛隊が利用することが前提とされる港湾を整備する計画を、この場所の重要性を十分に理解しているはずの町長が、議会へも諮らずに政府・自民党に要望している。この浜は島の人々にとって文化的にも思い入れのある場所であり、住民の反対がある。軍事施設拡張計画は、台湾側（島の南西側）に軍事拠点を主に拡充させようとするものだ。港湾、訓練施設はまさに台湾側の整備である。また、与那国空港の滑走路の延長計画も、港湾整備計画と同様に町長から国に要望されている。

配備賛成の人々は、人口減少への歯止め、建設や人口増による経済的な活性化に期待を寄せていたが、2023年9月の聞き取りでは、人口減少にも歯止めがかかっていないという。自衛隊員やその家族、工事関係者のための住宅の借り上げ等のために、一般の人々の住む場所が得られにくく、いったん島を出た人々が帰ってくることが難しい。観光客の宿泊先すら確保が難しく、島の観光業への影響も懸念されている。

与那国駐屯地のフェンスに掲げられている「写真撮影禁止」の看板。法的根拠はない（撮影筆者）

自衛隊関係者の人口も増えたとはいえないという。自衛官が家族ぐるみで転入しても、子の就学年齢になると妻と子どもは島を出て行ってしまうため人口は増えない。また自衛隊関係者による人口増は必ずしも歓迎されることでもない。島全体の人口は約１６００名であり、そのうち、自衛隊員が現状約１６０名、それに家族もいる。今後の施設の拡張や隊員増によって、自衛隊票がさらに島の政治意思決定に影響を与えることも懸念される。

与那国では、自衛官やその家族は、集落の中に居住し、地域の共同売店を利用し、地域行事にも積極的に参加する。日ごろは、笑顔で隊員や隊員の家族と人間同士の親しいつきあいがある一方で、自衛隊の拡張や訓練等には反対する自分がいる。島に住むある方は「自分が引き裂かれるようだ」と表現した。小さな集落に自衛隊が配備されたからこその苦悩であり、継続的にどのように抵抗していくかは難しい課題だ。

また、与那国の駐屯地のフェンスには、複数枚「写真撮影禁止」の看板が掲げられている。写真撮影禁止には、そもそも法的な根拠がない。継続的な抵抗運動が困難な島の環境につけ込んで、自衛隊が法的根拠もなく、公共施設（自衛隊施設）の撮影を妨げるという、表現の自由の抑圧である。

さて現在、注目されているのが「国民保護計画」だ。島が戦場になる場合の避難計画が、町から租納《そない》集落、久部良《くぶら》集落、比川《ひがわ》集落の住民に説明された。島の人からは、避難後に、島を軍事基地化（不沈空母化）し、二度と帰れなくなるのではないかと心配する声も聞かれる。「与那国町避難実施要領のパターン国民保護の枠組み・基礎知識等」では、「島の外に逃げる」場合も計画されている。島の人たちを飛行機や船で、一日で島外、九州に避難させる計画である。与那国の人々と観光客や滞在中の工事関係者等を避難させせなければならない。海に囲まれた島では、避難できる時期自体が限定されざるを得ない。

説明では、避難できるのは「武力攻撃予測事態」のみである。武力攻撃が始まれば、島内での屋内避難になる。避難する場合であっても、リュックサック一つ程度の荷物を持って避難する計画だ。国が「武力攻撃予測事態」だと判断した場合、住民は生まれ育った島、生活している島から島外へ出される。避難しないことは死を意味することから、与那国の人々の命や財産等を犠牲にすることを前提とした安全保障だと言わざるを得ない。

(2) 宮古島を歩く

宮古島には、現在航空自衛隊駐屯地と陸上自衛隊駐屯地が配備されている。野原集落に隣接した空自の分屯基地は、沖縄が日本に「復帰」する際に、米軍から自衛隊が任務を引き継いだ基地であり、50年以上運用されている。野原の人々は、長い間空自の輸送機の離着陸の騒音に耐えてきた。

そのような野原集落を挟んで建設されたのが上野野原の陸上自衛隊の駐屯地だ。駐屯地同士は近く、陸自駐屯地のフェンスから空自のレーダーが確認できる。陸自駐屯地では、日々訓練が行われ、敷地内には比

宮古島に設置されている航空自衛隊のレーダー施設(撮影筆者)

宮古島上野野原駐屯地前に掲げられた横断幕。その背後にはメロン農家の畑が広がる（撮影筆者）

較的小ぶりな弾薬庫が設置されており、正門には引き金に手をかけた状態で銃を携帯している自衛官が2名監視にあたっている。正門前の道幅の細い道路を隔てると住民の日常、メロン農家がある。住民の居住地域内に軍事基地を設置し、住民に向かって銃を携帯している状況は、平和的とは言えない。自衛隊に反対する住民が駐屯地に確認したところ、（銃には）「弾が入ってない」という答えだった。弾が入っていないにもかかわらず、引き金に指をかけて警備をしつづけるのは住民に対する明らかな威嚇だ。

上野野原駐屯地前には、陸自配備に反対する横断幕が掲げられ、容認しない意思を示しつづけている。横断幕だけではなく、週に1度のスタンディング行動が継続されている。上野野原駐屯地は、運用されてい

弾薬庫（手前）と建設中の３基目の弾薬庫（撮影筆者）

るが工事は続いている。基地は一度囲まれてしまうと、住民の合意を得ずに拡充されてしまう。それは、航空自衛隊についてもそうである。宮古の空自の分屯地も工事がたびたびなされている。

また、筆者が訪れた2023年8月には、朝鮮による「衛星」発射に端を発して配備されたPAC–3の2台のうち1台が展開されていた。たった2台で本気で迎撃する気などないのかもしれないが、もし迎撃できたとして、住宅街に隣接した駐屯地で迎撃し、住民に影響が出ないとも限らない。人間が生活している日常をまったく無視している。

宮古島では、大規模な弾薬庫が上野野原の駐屯地とは離れた保良《ぼら》集落に建設された。保良訓練場（弾薬庫）では3基目

宮古島に造られた陸上自衛隊保良訓練場・弾薬庫の正門。
指さす先に避難所がある（撮影筆者）

の大型の弾薬庫が建設途中だ。この弾薬庫を三つも備えた駐屯地は保良集落と隣接し、民家までたったの２００メートルの位置に弾薬庫が設置されている。この訓練場では、大型の屋内射撃訓練場での訓練や、（空砲だと思われる）射撃訓練や夜間訓練が行われている。保良訓練場の正門からは、自然災害の際に市民の避難所になる施設もある。住民の避難所に近接して、あるいは住民居住地域に近接して弾薬庫を設置するというのは、あまりにも非人道的である。

　この駐屯地の正門前では、平日午前中の約3時間、一組の夫婦を中心に抵抗の座り込みが続けられている。宮古島は、沖縄島よりもさらに日差しが強く気温も高い。訪れた8月末は晴れて刺すような

宮古島保良駐屯地の正門前での抗議行動（撮影筆者）

陽射しの中、座り込みの合い間に駐屯地の工事の進み具合など、話を聞くことができた。

好き勝手にさせないために「人間が住んでいることを意識させるんだ」。座り込みは、強い意思で継続されている。工事車両が駐屯地に入ろうとする前に立ちふさがり、車両の通行を止める。正門で警備をする自衛官が警察を呼び、近くの交番から警察官が来る。工事車両の通行を許す。この一連の過程を何度もくり返す。住民の抵抗に対して、駐屯地は、複数の監視カメラを向け、時折嫌がらせのように強い光を住民に向けて照射する。抵抗する住民と自衛隊側との間には緊張関係が見られる。

宮古島では、人通りの多いショッピングセンターの近くでも、毎週スタンディング行動が続けられている。自衛隊の存在や軍拡に関心を持っていなくても、戦場にされた場合のリスクは平等に降りかかる。地域の人々に対して、軍事化の現実や危険性を知らせ、世論を喚起するための地道な努力だ。

また、宮古島には空自、陸自の訓練基地、陸自弾薬庫があり、軍事転用が可能ではないかと住民が懸念を抱いているGPS施設もある。そして民間の宮古空港と下地島空港の2本の滑走路があることは、島全体を軍事拠点にしかねない。

（3）石垣島を歩く

石垣島を訪れた2023年9月16日は、機体の不具合で米軍のオスプレイが民間空港である石垣空港に緊急着陸しており、早朝から、空港のフェンス前で市民による反対集会が行われていた。

石垣空港に緊急着陸していた米軍のオスプレイ（撮影筆者）

石垣島於茂登岳のふもと（写真中央右手）に駐屯地がみえる（撮影筆者）

市民は、翌月に予定されていた日米共同訓練「レゾリュート・ドラゴン」で、自衛隊のオスプレイが石垣空港で訓練することになっていたことから、緊急着陸は「空港を利用する訓練ではないか」と疑っていた。翌月の共同訓練で、自衛隊のオスプレイが石垣空港で訓練を実施した。

石垣島の自衛隊八重山警備隊が開所したのは、２０２３年３月だが、２０２４年４月現在、計画された弾薬庫や射撃訓練場の建設工事は継続中である。

駐屯地ができる前、緑が活き活きとして深く、とても美しかった於茂《おもと》登岳のふもとには、駐屯地の肌色の建物が不自然に浮かび上がっている。豊かな景観は変貌した。山のふもとが無惨に切り開かれ、豊かな水を誇る於茂登岳からの水があふれ、駐屯地

石垣島自衛隊八重山警備隊駐屯地正門（撮影筆者）

の中で処理しきれずに溜池になっている。石垣島の駐屯地は着工に際して、きちんと環境アセスメントをしていない。国が軍事基地として土地を利用するとき、環境に配慮しないのは沖縄島の辺野古新基地建設と同様である。

石垣島の駐屯地には4基弾薬庫がつくられる予定だ。しかし、この駐屯地のすぐ近くには大本小学校がある。子どもたちが歩いて通うところ、学ぶ場所の近くに弾薬庫を設置するという、恐ろしい建設計画である。弾薬庫の爆風よけがすでに設置されているが、駐屯地内側を保護するために設置されたものであり、県道78号線側の住民の通行や小学校がある側に設置されているわけでもない。大型の弾薬庫4基の設置は、戦時だけでなく平時にも地域を危険にする。

石垣駐屯地。工事中の様子（撮影筆者）

人の命や尊厳を大切にしない安全保障策は、人間の犠牲のうえに立つ政策であり容認できない。

２０２４年3月にも、石垣島を訪れた。目の前を戦闘服の自衛隊員がバイクで走っている。島の風景は駐屯地周辺だけではなく変化している。市街地近くに自衛隊員とその家族のための宿舎ができていた。弾薬庫が4基設置された駐屯地からは離れた場所だ。人の住む地域に駐屯地を建設し、隊員らは安全なところに住む。駐屯地周辺住民の命が軽んじられている。

さて、石垣島においても戦時の避難の話が聞かれるようになった。２０２４年3月23日、24日に開催された「全国と繋がれin石垣　他国攻撃ミサイルNO　基地拡大NO　軍拡より暮らしを」（石垣島の平和と自然を守る市民連絡会主催）を訪れた際、司会者2名がリュックを背負っていた。市から、「リュックサック一個をもって避難して」と言われているとのことで、リュック一つで避難ということの非現実性を知らせるためのアピールだという。高齢者にとってリュック一つというのは、半日デイサービスに行くときの荷物程度だ。赤ちゃんがいたら、数時間出かけるだけでも大荷物になる。戦争は始まれば、いつ終結するかわからない。戦争のために、これまで築いてきた生活、財産も、リュックに入らないものは置いていけといわれる。理不尽だ。

たとえ逃げられたとしても、「今まで観光地としてきた美しい島が、爆撃されて、めちゃめちゃにされる。とても堪えられない」。２０２３年9月の訪問で住民から聞いた言葉だ。防衛を優先した政策の中で、地元の人々は「逃げればいい」という考えは間違っている。愛着があり生活の場である地元が戦争で破壊されることそのものが、人々の生きた証を踏みにじることになるのではないか。島で戦争をすることを念頭においた戦略は、地域の歴史や人々の生活の価値をあまりにもないがしろにしている。

石垣島では、石垣市の条例を根拠として、住民が市に陸上自衛隊の配備計画の賛否を問う住民投票を求めたが市は実施していない。戦争を体験した世代の女性たちを中心とした「おばーたちの会」が、毎週スタンディング行動を駐屯地近くで継続している。また、駐屯地の監視を続け、情報発信や抗議集会等を行うなど、抵抗の意思を示しつづけている。

（4）何が求められているか

島々で最も求められていることは、避難の以前に、当然ながら島を戦場にしないことだ。どの島においても、国は、当初においては、島を守るために配備すると主張していた。しかし、島を守るために配備したはずの自衛隊のために、ＰＡＣ－３が配備され、迎撃の最前線とされ、また「台湾有事」の最前線とされている。台湾有事は、いつの間にか「沖縄有事」とされ、シェルター建設、避難計画の具体化など戦争と隣りあわせだ。日本の軍拡政策の中で、配備された基地は強化され、弾薬庫の配備やミサイル部隊の配備が計画、実行されつつある。

弾薬庫の配備は、日常においても危険と隣り合わせで生活することを強いる。新たな部隊の配備や米軍の共同使用、共同演習などもあり、住民にとって不安が大きい。

今、島において求められていることは、当たり前の「平和に生きる権利」であり、そのための軍事力を前提としない平和外交である。

また、島々では、自衛隊配備によって、ドローンを飛ばせない区域が増え、写真撮影が遠慮させられるような場所が増えた。土地規制法（正式名称：重要施設周辺及び国境離島等における土地等の利用状況の調査及び利用の規制等に関する法律）に基づく影響や、駐屯地からの監視カメラによる監視など、プライバシー侵害が懸念されている。自衛隊配備前には不要であった、抗議集会や日頃の抗議行動のために日常の時間が割かれ、人々に負担がのしかかっている。

おわりに

２０２３年12月、突如としてうるま市石川のゴルフ場跡地に陸上自衛隊の訓練場建設の話が持ち上がった。同地は、石川青少年の家の近くであり、閑静な住宅街にある。１９５９年に同市内で起きた宮森小学校への米軍ジェット機墜落の甚大な被害を語り継いできた地域の人々が立ち上がり、大きな反対運動になった。地元の自治会、近隣の自治会も反対の意思を表明し、沖縄県全体を巻き込んだ反対のうねりが巻き起こり、地元の市議会だけではなく、沖縄県議会でも反対決議がなされ、４月11日には、防衛相が訓練場用地取得そのものを断念するところまで追い込まれた（『沖縄タイムス』『琉球新報』２０２４年４月12日）。

２０２４年３月20日にうるま市石川で開催された訓練場建設に反対する集会には、約１２００名が結集した。旧日本軍の延長線上にある自衛隊に対する厳しい見方は、時の流れとともに沖縄でもやわらいでいる。そのようななかで、自衛隊施設建設に反対する集会に1200名もの人々が結集したことには驚いた。集会で登壇した若い世代からも「宮森の悲劇」「基地の過重負担」という言葉が自然に出ている様子が非常に印象的だった。軍拡を止めるには、例えば宮森小学校へ米軍ジェット機が墜落した悲劇を、世代を超えて学び継承しつづける、長期的な視点からの働きかけが底力となる。また、複数の軍事施設があり、米軍基地の負担を負いつづけた日常の経験は、これ以上の負担は負えないという、世代を超えた反対につながっている。軍拡を止めるには、反戦平和学習のような長い目で見た継続的な取り組みと、目の前の政治の誤りを正す短期的な取り組みの両方が並行してなされる必要があるのではないか。

うるま市の集会の数日後、筆者は石垣に飛んだ。陸自配備から1年を迎えるにあたって、抵抗集会が開かれたからだ。石垣島には、日本全国から反戦平和運動をしている人々100名ほどが集まっていた。駐屯地拡大や訓練施設の設置は、石垣島においても同様である。しかし、島々の抵抗と沖縄島が連帯することの難しさが、常に存在している。島々で自衛隊の配備計画が出始めたとき、それに対して沖縄島でも反対が強くあれば、配備を阻止できたかもしれない。辺野古新基地建設やオスプレイ配備などの米軍にまつわる軍拡と自衛隊の強化の流れは、同時並行的に起こってきた。自衛隊と米軍との協働関係を考えれば、そのどちらにも抵抗することが求められていたのではないかと思う。沖縄はあまりにも軍拡の負担を負わされすぎている。

２０２２年12月の安保関連３文書の具体化として、沖縄は島々まで軍事利用され実践の場にされている。沖縄に生きている我々も、平凡な日常を守りながら生きている人間である。日本国憲法が保障しようとする人間の尊厳が沖縄においても、島の隅々まで保障されることを基本として、憲法の平和主義を思い出し、憲法を生かした政治、憲法を生かした平和を軍拡の現場から求めたい。沖縄は今も平和憲法を求めている。

あとがき

筆者は今、与那国島にいる。２０２４年10月末から11月初め、宮古島、与那国島、石垣島を巡り、軍拡の現状とそこに生きる人々の声に耳を傾ける時間を取ることができた。筆者が与那国島を訪問する数日前に、自衛隊のオスプレイが日米共同演習「キーン・ソード25」の最中に不具合で事故を起こした。地元の人々は、この事故を「起こるべくして起きた」と静かな怒りと共に受け止めていた。

日本「復帰」50年が経った沖縄には、自衛隊の軍拡の流れのなかで、台湾と国境を接する与那国島まで自衛隊基地が設置された。そして、さらなる駐屯地拡張、港湾（自衛隊の利用が前提となっている）整備が計画されている場所は、豊かな自然、動植物にとって恵まれた重要湿地、美しい海と砂浜が広がっていた。これ以上の拡張に、ごっそりと抉られようとしている「カタブル浜」と同様に、胸を抉られるような思いを持っている住民たちがいる。

宮古島も、石垣島も、与那国島も、島が戦場にされることが想定され、その中で人々が生活している。安全保障と言いながら、人々の生活、文化、歴史、自然を踏みにじりながら、人間の生きる島を戦場にしようとする政策は明らかに間違っており、強い憤りを感じる。

筆者を軍事基地問題に引き寄せたきっかけは、1995年9月の3名の米軍人による小学校6年生の少女に対する性暴力事件であった。武力によらない平和主義を原則とする日本国憲法のもとで、広大な米軍基地を抱えることによる人権侵害、憲法と日米安保体制の矛盾、沖縄に渦巻く理不尽な状況に、当時、高校生だった筆者はひどく困惑した。あれから30年。軍事基地から派生する困難は、悪化こそすれ一向に改善されていない。

平和主義の本来的意味が形骸化され、日本の軍拡が進んでいくなかで、沖縄では、軍事基地との共存による生活への支障、戦場にされるかもしれないという恐怖が広がっている。

1995年の少女暴行事件によって、当時多くの女性たちが「次は私かもしれない」という恐怖を感じ、これまで軍事性暴力の被害にあった多くの人々を想った。軍隊との共存がいかに危険であるか、軍縮こそが人間の真の意味での安全を確保するものだと信じている。

筆者が軍事性暴力事件に心を強く痛めた少女時代とは、時代は大きく変わり、性暴力に対して厳しい目が向けられる時代になった。それは軍隊組織に対しても同様だ。

沖縄を、日本のどこかを戦場にしないという想いは、世界のどこでも戦争のために人々が命を落としてはならないという想いにつながる。人権保障を社会の中で実現しようとする当たり前の要求は、軍事組織によっても人権は侵害されてはならないという想いにつながる。

本書は、沖縄で生まれ、沖縄で生きている筆者が、軍事基地との共存という異常からいつか沖縄が解放されることを常に願いながら、時々の政治情勢に合わせ執筆し、発言してきた記録であり、そのものは「沖縄」という筆者を取り巻く環境から発せられている。この本を手にする方々が、沖縄にも人間が住んでいること、沖縄の問題が自分の身の回り、そして世界につながっていくという想像力をぜひ持って、平和を共に思考し創造する仲間になってくれたらと思う。

一人ひとりの小さな、そして諦めない平和への想いが大きな平和を創ると信じている。

最後に、本書の出版にあたり、影書房吉田康子氏には大変お世話になった。沖縄を取り巻く環境が過酷なあまり、日々の抵抗活動に忙しく、本書の取り組みが遅れがちになった。それでも根気強く伴走してくださった吉田氏の熱意に感謝申し上げる。

戦争を作り出すのは人間である。戦争で命を落とすのも、誰かの命を奪うのも人間である。全世界の国民の平和のうちに生存する権利を、不穏な軍拡の空気の漂う社会でも、実現する努力を続けたい。

＊

以上の「あとがき」を書いた後の2024年12月22日、「米兵による少女暴行事件に対する抗議と再発防止を求める県民大会」が沖縄市民会館大ホールで開催された（同大会実行委員会主催）。沖縄県女性団体連絡協議会会長の伊良波純子さん、「Be the Change Okinawa」代表の親川裕子さん、アクション沖縄アチーブジェンダーイクオリティ共同代表の神谷めぐみさんとともに、私も共同代表を務めた。

当日、私が発表したメッセージを以下に掲載します。

＊

みなさんこんにちは。沖縄大学の高良沙哉です。

会場にお集まりの皆様、サテライト会場の皆様、本日はお集まりいただきありがとうございます。私も県民大会が開催されることを待ち望んでいた一人です。このように多くの人たちと、悔しさ、怒り、憤りを共有することができ、心強く感じます。

1995年のいわゆる「少女暴行事件」から今年で29年になります。あの時、米軍上陸以降、累々と積み重なってきた米兵による性的暴行を思い出し、沖縄中が理不尽に憤り、怒りに震えました。当時高校生だった私は、非暴力平和主義を掲げる憲法下にありながら、戦後も、そして日本「復帰」後も、人間の尊厳を著しく踏みにじる軍事性暴力が起こりつづける沖縄の現実に強いショックを受け、恐怖しました。人間の尊厳を脅かす軍事性暴力が発生しない社会を創っていくことは、沖縄、日本社会の重大な目標の一つです。

しかし、昨年（2023年）12月にも少女が米兵によって誘拐され、性的暴行を受ける事件が発生しました。今でも、軍事性暴力が子どもたちの平和な日常を脅かしているという現実。沖縄に生じる理不尽を打破しなければなりません。

この事件は、被害者やご家族の勇気ある申し出にもかかわらず、約半年間、沖縄県、県民に隠されていました。（2024年）12月13日の判決に際して、法廷の様子を描写した報道からは、被害少女の精神的苦痛が読み取れました。事件が「隠蔽」され、適切に県に通報されなかったために、従来は被害者に届いていた保護が、この事件では届かなかったかもしれない。被害者のプライバシーの保護と県への通報体制の適切な運用の両立は可能であり、当然です。今回の「隠蔽」は政治的な意図をもったものではないか。強く批判したいと思います。

また、法廷では、まだ年若い被害者が、遮蔽板があったとしても加害者と同じ空間、近い距離で、5時間も証言をすることに耐えなければいけませんでした。加害者には第一審で有罪判決が出ました。しかし少女の感じたストレスは計りしれません。少女に精神的身体的ケア、支援が届いていてほしい。性的暴行事件が発生した際に、被害者に対する支援がいち早く届く体制、そして捜査から裁判までのあらゆる段階において、被害者が保護されることを強く望みます。

さて、刑法が改正され、性交同意年齢が16歳未満になり、恐怖でフリーズし抵抗が難しい場合にも「同意がない」「不同意であった」とされるようになりました。被害の重大さに比べ刑罰はまだ軽いと思われるものの、刑法は性暴力の実態を捉え改正されました。事件処理に携わるすべての権力、私たちも刑法改正の意義に対する理解を深めていかなければなりません。

また、今回の事件では、被疑者の身柄は米軍が確保し、日本側は身柄引き渡しを求めず、起訴によって被告人の身柄が一時的に日本側に移ったものの、保釈によって基地内に戻っています。95年の「少女暴行事件」を契機として、殺人や性的暴行のような特定の重大な関心がある事件について、日本側が被疑者の身柄引き渡しを要求でき、アメリカ側の「好意的考慮」のもとに身柄が引き渡される運用改善が合意されました。それは、過去多くの事件において、基地内に身柄のある加害米兵が、配置転換などとして本国に帰ってしまう事例があったからです。しかし今回日本側は身柄引き渡しを要求せず、運用改善すら守られていません。このような地位協定による特権的な地位の付与は、米兵による犯罪や粗暴な行為が行われつづける背景になっています。地位協定の不平等条項による不利益は沖縄に多く生じます。明文改正を強く求めます。

事件発生から1年。事件発覚から半年。事件に対する有罪判決も出ました。過去度々に起こってきた米兵による性的暴行事件も思い起こし、「あなたは悪くない」、私たちはあなたの味方だと伝えつづけたいと思います。

これ以上、沖縄に生きる人々を軍事性暴力の犠牲にしてはいけない。強く抗議の意思を示します。

2025年1月末日

髙良沙哉

《初出一覧》

・米軍基地と性暴力——国家・軍隊は加害の責任を負わなければならない
……『Sexuality』75号・増刊、人間と性教育研究協議会、2016年（「米軍基地と性暴力」を改題）

・沖縄における長期駐留軍による平時の軍事性暴力——個人化されない加害者と被害者
……『国際人権：国際人権法学会報』29号、国際人権法学会、2018年（「沖縄と軍事性暴力」を改題）

・日本軍「慰安婦」問題と沖縄基地問題の接点
……『思想』1152号、岩波書店、2020年

・琉球／沖縄差別の根底にあるものは——憲法の視点を交えて
……『平和研究 = Peace studies』日本平和学会、2020年

・日米の沖縄軍事要塞化について考える
……命どぅ宝！ 琉球の自己決定権の会 編『琉球の自己決定権の行使を——再び沖縄を戦場にしないために』Ryukyu企画（琉球館）、2022年（2022年5月14日開催のシンポジウム「ガッティンナラン！　日本『復帰』50年　日米の植民地支配を許さず琉球の自己決定権の行使を！～再び沖縄を戦場にしないために～」での報告記録をもとに加筆・修正）

・沖縄の女性の人権
……『けーし風』115号、新沖縄フォーラム刊行会議、2022年（2022年7月16日開催のシンポジウム・沖縄大学土曜教養講座「女たちの『復帰』五〇年」の記録より）

・沖縄から考える軍拡・平和——軍拡の現場から求める平和
……（書き下ろし）

〈著者について〉

髙良 沙哉（たから さちか）

1979年沖縄県生まれ。北九州市立大学法学部法律学科卒業。同大学大学院法学研究科法律学専攻修士課程修了。同大学大学院社会システム研究科地域社会システム専攻博士後期課程修了。

現在、沖縄大学人文学部教授（憲法学）。

著書：『「慰安婦」問題と戦時性暴力：軍隊による性暴力の責任を問う』（法律文化社）、『ジェンダー視点から読み解く重要判例40』（共著、日本加除出版）、『琉球の自己決定権の行使を』（共著〔命どう宝！琉球の自己決定権の会編〕、琉球館）、『映画で学ぶ憲法Ⅱ』（共著、法律文化社）、『ヘイト・クライムと植民地主義』（共著、三一書房）、『ピンポイントでわかる自衛隊明文改憲の論点』（共著、現代人文社）、『緊急事態条項で暮らし・社会はどうなる？』（共著、現代人文社）ほか

沖縄《おきなわ》 軍事性暴力《ぐんじせいぼうりょく》を生《う》み出《だ》すものは何《なに》か
——基地《きち》の偏在《へんざい》を問《と》う

二〇二五年三月二八日 初版 第一刷

著者 髙良 沙哉

発行所 株式会社 影書房
〒170-0003 東京都豊島区駒込一―三―一五
電話 〇三（六九〇二）二六四五
FAX 〇三（六九〇二）二六四六
Eメール kageshobo@ac.auone-net.jp
URL http://www.kageshobo.com
〒振替 〇〇一七〇―四―八五〇七八

印刷／製本 モリモト印刷

定価 2,000円＋税

ISBN978-4-87714-502-6

目取真 俊 著

ヤンバルの深き森と海より〈増補新版〉

日本軍による住民虐殺の隠蔽等を目論む歴史修正の活発化、教科書検定問題、大江・岩波裁判、「土人」発言等に現れた沖縄差別、高江や辺野古の新基地建設強行、自衛隊増強、琉球列島の軍事要塞化等々、沖縄に関する132篇の論考を収録。新たにインタビューと対談を増補。 **四六判 518頁 3000円**

これが民主主義か?

辺野古新基地に〝NO〟の理由

沖縄の民意を押しつぶし、基地被害も無視し、法律すらねじ曲げ〝辺野古新基地〟という新たな負担を押しつける日本政府の反民主主義的姿勢を問う。◆執筆:新垣毅、稲嶺進、高里鈴代、高木吉朗、宮城秋乃、木村草太、紙野健二、前川喜平、安田浩一 **A5判 208頁 1900円**

申《シン》 惠丰《ヘボン》 著

私たち一人ひとりのための国際人権法入門

名古屋入管死亡事件、ジャニーズ性加害事件、フジ住宅差別文書配布事件、大川原化工機冤罪事件など、近年実際に起きた人権問題をケーススタディーでとりあげ、国際人権法の視点から解説。「ビジネスと人権」「人権DD」、「ジェノサイドを防止する国の義務」についても詳述。 **A5判 208頁 1900円**

ロバート&ジョアナ・コンセダイン 著/中村聡子 訳

私たちの歴史を癒すということ

ワイタンギ条約の課題

白人入植者の子孫である著者は、先住民族マオリと出会い、植民地時代から続く土地の収奪や差別などの不正を正す責任に気づく。マオリの権利と尊厳、正義を回復させ、社会の分断を乗り越えるための実践とは。ニュージーランドのベストセラー。解説:上村英明。 **四六判 433頁 3200円**

目取真 俊 著

魂魄《こんぱく》の道

住民の4人に1人が犠牲となった沖縄戦。鉄の暴風、差別、間諜《スパイ》、虐殺、眼裏から消えない光景、狂わされた人生。戦争がもたらす傷はある日突然記憶の底から甦り、安定を取り戻したかにみえる戦後の暮らしに暗い影を差しこんでいく——。沖縄戦の記憶をめぐる5つの物語。 **四六判 188頁 1800円**